Springer-Verlag Berlin Heidelberg GmbH

Bibliothek von Coler-von Schjerning.

Veröffentlichungen

aus dem Gebiete des

Militär-Sanitätswesens.

Herausgegeben

von der

Medizinal-Abteilung

des

Königlich Preussischen Kriegsministeriums.

Heft 46.

Beiträge zur Lehre von der sog. „Weilschen Krankheit".

Klinische und ätiologische Studien an der Hand einer Epidemie in dem Standorte Hildesheim während des Sommers 1910.

Von

Generalarzt Dr. **Hecker,**   und   Stabsarzt Prof. Dr. **Otto,**

Korpsarzt des X. Armeekorps in Hannover.   Vorstand der bakteriologischen Abteilung der Untersuchungsstelle beim Sanitätsamt X. Armeekorps in Hannover.

Mit 10 Tafeln, 1 Skizze und 15 Kurven im Text.

Springer-Verlag Berlin Heidelberg GmbH 1911

Beiträge

zur

Lehre von der sog. „Weilschen Krankheit".

Klinische und ätiologische Studien an der Hand einer Epidemie
in dem Standort Hildesheim während des Sommers 1910.

Von

Generalarzt Dr. **Hecker,**   und   Stabsarzt Prof. Dr. **Otto,**

Korpsarzt des X. Armeekorps in Hannover.   Vorstand der bakteriologischen Abteilung der
Untersuchungsstelle beim Sanitätsamt X. Armee-
korps in Hannover.

Mit 10 Tafeln, 1 Skizze und 15 Kurven im Text.

Springer-Verlag Berlin Heidelberg GmbH 1911

Additional material to this book can be downloaded from http://extras.springer.com

ISBN 978-3-662-34399-9   ISBN 978-3-662-34670-9 (eBook)
DOI 10.1007/978-3-662-34670-9

Inhaltsverzeichnis.

I. Vorwort.

Obgleich die sogenannte Weilsche Krankheit durchaus keine seltene Erscheinung ist und speziell in der Armee regelmäßig in allen Jahren — wenn auch öfters nur sporadisch — beobachtet wird, so ist es bisher trotz vielfacher Bemühungen doch noch nicht gelungen, den Schleier zu lüften, der die ätiologische Ursache dieser in klinischer Beziehung anscheinend so ganz geklärten Infektionskrankheit verhüllt. Muß schon diese Tatsache zu erneuten Studien und Untersuchungen auffordern, so drängen direkt dazu die Schwierigkeiten, die sich bei der völlig unklaren Ätiologie bisher einer sachgemäßen wissenschaftlichen Prophylaxis entgegenstellen. Es gibt in der Tat bisher noch wenig sichere Grundlagen, auf denen sich eine planmäßige Bekämpfung aufbauen ließe, ein Mangel, der sich — besonders zu Epidemiezeiten — sehr unangenehm bemerkbar macht.

Aber nicht nur rein wissenschaftliche Interessen einerseits und praktische sanitätspolizeiliche Rücksichten andererseits drängen uns Militärärzte zur tätigen Mitarbeit an der Klärung des noch vorhandenen Dunkels. Der Umstand, daß gerade die militärärztliche Forschung das unbestrittene Verdienst für sich in Anspruch nehmen darf, durch zahlreiche und zum Teil vorzügliche Arbeiten unsere wissenschaftlichen Kenntnisse vom Morbus Weilii hervorragend gefördert zu haben, der Umstand ferner, daß eine große Zahl der überhaupt veröffentlichten Fälle auf Beobachtungen beruht, die in der Armee angestellt sind, legt uns auch die moralische Pflicht auf, dieses uns häufiger und übersichtlicher als den Zivil-Fachgenossen zugängliche Gebiet als unsere besondere Domäne anzusehen und dementsprechend in jedem sich bietenden Falle so eingehend wie möglich zu bearbeiten.

Aus diesen Erwägungen begrüßten und ergriffen wir freudig und gespannt die Gelegenheit, die sich uns für das Studium der ätiologisch mit noch so manchen Fragezeichen versehenen interessanten Krankheit in einer während der Sommermonate des Jahres 1910 in Hildesheim beobachteten kleinen Militärepidemie bot.

Unsere Beobachtungs- und Untersuchungsergebnisse sind in der folgenden Arbeit niedergelegt. Wenn sie uns auch in ätiologischer Hinsicht das angestrebte Endziel nicht erreichen ließen, so führten sie uns doch in verschiedener Richtung zu teilweise neuen Beobachtungen, Untersuchungen und Schlußfolgerungen, die auch für weitere Kreise Interesse bieten und der weiteren ätiologischen Forschung neue Ausblicke und Wege eröffnen dürften.

Um dem Leser Gelegenheit zu einer vergleichenden Nachprüfung unserer Beobachtungen an der Hand der früheren Epidemien und damit ein einigermaßen vollständiges Bild von dem bisherigen Stand und Umfang unserer Kenntnisse von der Weilschen Krankheit zu geben, vor allem aber auch, um eine von uns aufgestellte neue ätiologische Hypothese zu stützen, die den Schwerpunkt unserer Ausführungen bildet, hielten wir es für angezeigt, die gesamte einschlägige Literatur einschließlich der von der Medizinal-Abteilung des Kriegsministeriums herausgegebenen Sanitätsberichte sowie möglichst vieler der in den Garnisonlazaretten geführten Krankenblätter durchzusehen und das so gewonnene Material in unsere Arbeit aufzunehmen.

II. Geschichte und Verlauf der Epidemie in Hildesheim.

Mitte Juli 1910 ging dem Garnisonlazarett Hildesheim eine Reihe Schwerkranker zu, bei denen eine bestimmte Diagnose zu stellen zunächst unmöglich war. Die der bakteriologischen Abteilung der hygienisch-chemischen Untersuchungsstelle beim Sanitätsamt X. Armeekorps in Hannover zur Untersuchung auf Influenza, Typhus, Fleischvergiftung und Malaria eingesandten Proben von Rachenschleim, Stuhl, Urin und Blut ließen weder kulturell, noch auf andere Weise spezifische Mikroorganismen erkennen oder serologisch Anhaltspunkte für eine bestimmte Infektion gewinnen.

Die klinischen Erscheinungen, mit denen die Erkrankten zugingen, waren durchweg fast gleichartig: ganz plötzliche Erkrankung bis dahin völlig gesunder, kräftiger Soldaten mit Schwindel, Kopf-, Nacken- und Kreuzschmerzen, Übelkeit, hohem Fieber (bis 40°), verhältnismäßig niedrigem Puls und starker Hinfälligkeit.

Zu diesen Symptomen trat bei mehreren Kranken in den ersten Tagen noch galliges Erbrechen, bei fast allen deutlicher Eiweißgehalt des Urins und Stuhlverstopfung, der in der Regel Durchfälle vorausgegangen waren.

Das Fieber verlief zunächst ohne bestimmten Typus. Meist war eine deutliche Lebervergrößerung vorhanden, während eine Milzschwellung nicht immer nachgewiesen werden konnte.

Komp.	Stube	Dienstgrad	Name	Geschwommen bis	Freischwimmer, Schwimmschüler	Tag der Erkrankung	Krankmeldung (Zugang) Revier	Krankmeldung (Zugang) Lazarett	Entfieberung	Entlassen am	Entlassen wohin	Bemerkungen / Beurlaubt
4.	94	Musk.	He.	14. 7.	S.	14. 7.	—	15. 7.	22. 7.	29. 8.	D. z. T.¹)	bis 21. 9. 10.
5.	33	„	Hö.	18. 7.	S.	18. 7.	20. 7.	23. 7.	27. 7.	29. 8.	„	
2.	80	Gefr.	Alg.	20. 7.	S.	18. 7.	21. 7.	22. 7.	26. 7.	29. 8.	„	
11.	16	„	Kl.	14. 7.	F.	19. 7.	—	21. 7.	29. 7.	29. 8.	„	
5.	33	Musk.	Schli.	18. 7.	F.	20. 7.	—	21. 7.	28. 7.	29. 8.	„	
3.	46	„	Be.	18. 7.	F.	22. 7.	23. 7.	24. 7.	29. 7.	29. 8.	„	bis 21. 9. 10.
9.	47	„	Zi.	22. 7.	S.	23. 7.	—	24. 7.	1. 8.	9. 10.	G.²)	
6.	38	„	Wo.	22. 7.	S.	24. 7.	—	26. 7.	2. 8.	9. 10.	„	
5.	16	„	Kä.	28. 7.	F.	29. 7.	—	29. 7.	6. 8.	30. 9.	D. z. T.	
9.	47	„	Do.	28. 7.	S.	29. 7.	—	30. 7.	6. 8.	14. 9.	„	
M. G. K.	13	„	Os.	29. 7.	S.	29. 7.	—	30. 7.	4. 8.	9. 10.	G.	
4.	98	„	Bo.	29. 7.	S.	29. 7.	—	30. 7.	6. 8.	21. 9.	D. z. T.	bis 13. 10. 10.
3.	61	„	Sche.	22. u. 29. 7.	S.	30. 7.	—	31. 7.	8. 8.	21. 9.	„	bis 11. 10. 10.
12.	10	„	Wi.	28. 7.	F.	29. 7.	—	1. 8.	6. 8.	5. 10.	„	
9.	26	„	Br.	30. 7.	S.	31. 7.	—	1. 8.	8. 8.	19. 9.	„	bis 8. 10. 10.
1.	137	Untffz.	Ti.	30. 7.	S.	31. 7.	—	2. 8.	9. 8.	20. 9.	„	bis 11. 10. 10.
8.	36	Musk.	Hu.	30. 7.	S.	1. 8.	—	3. 8.	7. 8.	20. 9.	„	bis 10. 10. 10.
11.	Bürgerquartier	Einj.-Freiw.	Li.	29. 7.	F.	2. 8.	—	3. 8.	9. 8.	23. 9.	„	bis 7. 10. 10.
8.	37	Musk.	Boc.	30. 7.	S.	5. 8.	—	6. 8.	9. 8.	24. 9.	„	bis 15. 10. 10.
1.	128	„	Gü.	30. 7.	S.	6. 8.	—	8. 8.	13. 8.	21. 9.	„	bis 11. 10. 10.

1) Dienstfähig zur Truppe. — 2) Genesungsheim.

Eine sichere klinische Diagnose wurde, ähnlich wie bei früheren derartigen Epidemien (siehe Knauth), erst möglich, als bei den Zugängen Nr. 7 und 8 (siehe obige Tabelle) deutliche Gelbsucht mit Nasenbluten, Herzschwäche und blutigem Urin auftrat. Damit war die Diagnose auf Weilsche Krankheit gesichert, die durch den weiteren Verlauf der Erkrankungen bestätigt wurde.

Im ganzen gingen dem Lazarett in der kurzen Zeit vom 15. 7. bis 8. 8. 1910 20 Mann an dieser Krankheit zu. Alle Zugänge betrafen Soldaten des in Hildesheim garnisonierenden Infanterie-Regiments von Voigts-Rhetz (3. Hannoverschen) Nr. 79, und zwar ausschließlich Leute, welche bis kurz vor ihrer Erkrankung in der Militärbadeanstalt in der Innerste geschwommen hatten.

6 Mann waren Freischwimmer (= F in der Tabelle), die übrigen 14 Schwimmschüler (= S in der Tabelle). Alle Kompagnien des Regiments waren mit Ausnahme der 7. und 10. Kompagnie betroffen, und zwar gehörten von den Kranken, welche sich auch auf die verschiedenen Stuben und Kasernen verteilten, zur

1. Kompagnie	. . . .	2
2. „	. . . .	1
3. „	. . . .	2
4. „	. . . .	2
5. „	. . . .	3
6. „	. . . .	1
8. „	. . . .	2
9. „	. . . .	3
11. „	. . . .	2
12. „	. . . .	1
M.G.K. „	. . . .	1.

Sprach einerseits der Ausfall einzelner Kompagnien gegen eine gemeinsame Infektion in den Kasernen, so konnte andererseits das Verschontbleiben gerade der 10. Kompagnie deshalb als kein zufälliges angesehen werden, weil sie zurzeit wegen einiger bei ihren Leuten vorgekommenen Typhusinfektionen keine Mannschaften zum Schwimmen bzw. Baden gestellt hatte.

Von den Erkrankten standen im

1. Dienstjahre . . . . 14 Mann (1 war am 1. 4. 10, die übrigen im Oktober 1909 eingetreten),

2. „ . . . . 5 „ (alle im Oktober 1908 eingetreten),

in höheren Dienstjahren . 1 Unteroffizier (diente seit Oktober 1906).

Die Zugänge ließen nach und hörten schließlich ganz auf, nachdem das Baden in der Innerste am 31. 7. 10 verboten war.

Außer dem Badeverbot waren im Beginn der Epidemie zwar auch Isolierungs- und Desinfektionsmaßnahmen getroffen worden, ohne daß wir ihnen jedoch einen besonderen Einfluß auf das Erlöschen der Epidemie zuprechen können. An anderer Stelle sollen die Übelstände besprochen werden, die sich bei der Besichtigung der Militärschwimmanstalt zeigten und zur Schließung der Badeanstalt Veranlassung gaben. Erwähnt sei hier schon vorweg, daß irgend welche Beobachtungen, die für die Möglichkeit von Kontaktinfektionen gesprochen hätten, auch bei dieser Epidemie nicht gemacht sind.

Aus der Tabelle S. 3 ist die Reihenfolge der Zugänge sowie ihre Verteilung auf die einzelnen Kompagnien und Stuben ersichtlich. Außerdem ist in der Tabelle angegeben, seit welchem Tage die Leute sich schon krank gefühlt und bis wann sie als Freischwimmer oder Schwimmschüler in der Innerste geschwommen hatten. Schließlich

enthält die Tabelle noch Angaben über die Dauer der Lazarettbehandlung und des Fiebers sowie die Art des Abganges.

Die Kurventafel S. 79 zeigt die gleichen Punkte in graphischer
Darstellung. Außerdem ist aus ihr die Durchschnitts-Tagestemperatur
in der Zeit vom 20. Juni bis 8. August ersichtlich.

Da der klinische Verlauf in allen Fällen den für die Weilsche
Krankheit allgemein bekannten charakteristischen Verlauf zeigte, be-
schränken wir uns darauf, aus den sorgfältig geführten Kranken-
geschichten nur die Punkte wiederzugeben, welche von dem ordinie-
renden Sanitätsoffizier (Stabsarzt Dr. Eggert) hervorgehoben sind.

Zunächst wurde von allen Kranken gleichmäßig angegeben, daß
die Erkrankung mit 1—2 Durchfällen begonnen hätte, denen dann
Verstopfung gefolgt sei. Unter den Klagen der Kranken traten besonders die über Kopfschmerzen in den Vordergrund. Diese waren
meist so stark, daß die ganze erste Woche eine Eisblase auf dem
Kopf erforderlich war. Auch die Muskelschmerzen, besonders in den
Waden, waren auf der Höhe der Krankheit von außerordentlicher
Heftigkeit, so daß die Patienten kaum im Bett liegen konnten und
beim Anfassen zusammenzuckten oder aufschrieen. Bei allen Zugängen
waren die Augenbindehäute leicht gerötet, die Rachenschleimhaut zugleich geschwollen, ohne Belag, ein Symptom, auf das uns in den
zahlreichen bisherigen Veröffentlichungen nicht genügend hingewiesen zu
sein scheint. Bei 8 Kranken bestanden katarrhalische Erscheinungen auf
den Lungen. Übelkeit mit Erbrechen, das in 45 % der Fälle vorhanden
war, stand hinsichtlich der Dauer und Heftigkeit in Parallele mit der
Stärke der Nierenreizung und hielt bei einzelnen Kranken bis zum Ende
der 2. Woche an. Herpesbläschen wurden zweimal, ein Hautausschlag
an Brust und Bauch siebenmal beobachtet. Bei den ersten Zugängen,
die allerdings mit Aspirin behandelt wurden, glich der sonst flohstich-
artige Ausschlag einem ausgebreiteten Masern-Exanthem. Die Kranken,
die Aspirin bekommen hatten, schwitzten auch außerordentlich stark,
während sonst die Neigung zu Schweißen sehr gering und die Haut
völlig trocken war. Leichte Hautblutungen sind nur einmal beobachtet. Netzhautblutungen wurden nicht gesehen. Alle Patienten bis
auf einen hatten Eiweiß im Urin vom 2., spätestens vom 3. Tage ab,
das meist mit dem Fieber verschwand, bei 6 Kranken aber wochenlang zu finden war. Dagegen verlief die Reaktion auf Zucker und
Diazoverbindungen regelmäßig negativ. Bei drei Patienten war der Urin
auch bluthaltig. Einer litt eine volle Woche lang an urämischen Erscheinungen und hatte einmal 24 Stunden lang gar keinen Urin; nach
weiteren dreimal 24 Stunden trat eine Harnflut von 4 bis 5 Litern

täglich ein. Im Sediment wurden Zylinder mit Epithelien, roten Blut-körperchen und Fettkörnchen reichlich nachgewiesen. Der Höhepunkt der allgemeinen Vergiftung fiel meist auf den 4. Tag auch bei den Leuten, die nicht gelbsüchtig wurden und nur geringe Nierenreizung auf-wiesen. In der Hälfte der Fälle war die Leber deutlich vergrößert und schmerzempfindlich, in einem Drittel der Fälle auch die Milz, die zugleich fühlbar, aber nicht druckempfindlich war. Solange die Ver-stopfung bestand, war der Leib leicht durch Gase aufgetrieben, aber stets weich. Auffällig war, daß mit dem Abfall der Temperatur und des Pulses (meist am 6. bis 9. Tage) fast von allen Erkrankten ein außergewöhnlich starkes Hungergefühl geäußert wurde. Die vorher dick belegte graugelbe Zunge reinigte sich dann meist auch schnell. Bei den letzten Fällen lief das Fieber in 2—5 Tagen ab. Der Ge-wichtsverlust der 20 Erkrankten betrug durchschnittlich 8 kg, bei einem 14,5 kg. Die Gewichtsabnahme hörte erst 14 Tage nach der Ent-fieberung auf. — Auch die leichten Fälle waren lange stark blutarm.

Weiter bemerkenswert ist der verschiedenartige Abfall der Körperwärme, die am ersten Tage oft 40° erreichte.

Die Pulszahl betrug im Anfang 90—100, in schweren Fällen bis 110 und ging regelmäßig in der Rekonvaleszenz sehr stark herunter, häufig auf 45—50 Schläge. Der Puls war dabei in mehr als der Hälfte der Fälle weich und doppelschlägig. Die befallenen Leute machten im allgemeinen einen schwerkranken Eindruck und waren auf der Fieberhöhe teilnahmlos und leicht benommen. Die Hälfte delirierte mehr oder weniger stark. Gelbsucht wurde bei 6 (= 30 %) Kranken beobachtet, Rückfälle ebenfalls bei 6, und zwar hatten 5 zugleich Gelbsucht und später Rückfall, und nur je einmal ist Gelbsucht oder Rückfall allein vorgekommen. Ein Kranker erlitt 2 Rückfälle[1]), am 7. und 12. Tage nach der Entfieberung; die anderen Rückfälle traten am 5., 8., 9., 10. und 13. Tage auf. Die subjektiven Beschwerden waren bei den Rezidiven nur gering; die Temperaturen erhoben sich bis 38° und 39° C. Die Gelbsucht selbst bestand in einer Gelb-färbung der Augenbindehäute und der Haut von den verschiedensten Intensitätsgraden. Bei fast allen Gelbsüchtigen war völlig gallefreier, tonfarbener Stuhl vorhanden, der Urin bierbraun, stark bilirubinhaltig.

---

1) Nicht selten sahen wir neben den ausgesprochenen Fieberrückfällen oder statt ihrer geringgradige, kurzdauernde Temperatursteigerungen (siehe Kurve 11 und 14 bzw. 12 und 17). — Der meistenteils erst ziemlich spät wieder ein-tretenden völlig regelrechten Körpertemperatur entpricht der langwierige Verlauf der Rekonvaleszenz.

Schweres Nasenbluten, das sich mehrfach wiederholte, machte zweimal eine Ausstopfung der Nase auch vom Nasenrachenraum aus notwendig.

Die meist sehr heruntergekommenen Kranken erholten sich nur sehr langsam. 17 konnten dienstfähig zur Truppe bzw. auf Urlaub entlassen werden, 3 Kranke mußten zunächst dem Genesungheim überwiesen werden, um von dort nach 30 bzw. 42 Tagen vollkommen gekräftigt zum Dienst zurückzukehren. Im einzelnen erforderte die Lazarettbehandlung:

bei	1	Kranken	. . . . .	36 Tage
„	1	„	. . . . .	37 „
„	1	„	. . . . .	38 „
„	2	„	. . . . .	39 „
„	1	„	. . . . .	44 „
„	1	„	. . . . .	45 „
„	1	„	. . . . .	46 „
„	1	„	. . . . .	48 „
„	3	„	. . . . .	49 „
„	1	„	. . . . .	51 „
„	1	„	. . . . .	52 „
„	1	„	. . . . .	53 „
„	1	„	. . . . .	63 „
„	1	„	. . . . .	65 „
„	1	„	. . . . .	71 „
„	1	„	. . . . .	75 „
„	1	„	. . . . .	77 „

III. Unsere bisherige Kenntnis und Auffassung von der „Weilschen Krankheit".

Nach dem Verlauf der Epidemie im ganzen und der einzelnen Erkrankungen im besonderen können an der Diagnose „Weilsche Krankheit" keine Zweifel bestehen.

Dieses Krankheitsbild wurde erst durch die im Jahre 1886 erschienene Arbeit Weils über „eine eigentümliche, mit Milztumor und Nephritis einhergehende akute Infektionskrankheit" allgemein bekannt.

Allerdings gab Weil lediglich eine Beschreibung des klinischen Symptomenkomplexes, dem die ätiologische und anatomische Begründung fehlt, was bei dem geringen Material, das den Ausgangspunkt seiner Arbeit bildete (2 eigene und 2 Beobachtungen aus dem

Nachlaß Friedreichs) nicht Wunder nehmen darf. Infolgedessen ist es bei späteren Beobachtungen von Icterus gravis oft schwer gewesen, sie mit Sicherheit als Weilsche Krankheit zu erkennen, sobald eines der von dem Autor in den Vordergrund gestellten Kardinalsymptome fehlte.

Übrigens waren bereits vor Weil Mitteilungen über Erkrankungen mit dem gleichen Krankheitsbilde gemacht worden. So geht — wie dies schon von verschiedenen Autoren bald nach Weils Publikation betont ist — aus den Arbeiten von Weiß, Landouzy, Mathieu und Chauffard mit hoher Wahrscheinlichkeit hervor, daß die Krankheitsfälle, die diese Autoren gesehen hatten, zu einem Teile mit den von Weil beobachteten identisch sind. Auch in den Sanitätsberichten der Königlich Preußischen Armee sind schon lange vor Weils Publikation Epidemien von infektiösem Ikterus beschrieben, bei denen die Krankheitsbilder, wie z. B. bei der Magdeburger Epidemie 1874 (im Sanitätsbericht 1874/78) ganz den echten Weilschen Symptomenkomplex erkennen lassen.

Nach Weils Veröffentlichung folgten dann eine größere Reihe von Arbeiten, die teils neue Fälle der gleichen Art brachten, teils sich sehr ausführlich mit der Symptomatologie, Klinik und Pathologie der neuen Infektionskrankheit befaßten. Über die bis 1897 erschienenen Arbeiten gibt die nebenstehende, einer Dissertation von Aufschlager entnommene und ergänzte Übersichtstabelle Aufschluß, die in den verschiedenartigen für den Symptomenkomplex gewählten bzw. vorgeschlagenen Namensbezeichnungen auch den Wandel der ätiologischen und pathogenetischen Anschauungen gut illustriert.

Besonders beachtenswert unter diesen Publikationen sind die Arbeiten von Haas, Kirchner, Hueber, Fiedler, Ad. Pfuhl, Stirl, Wassilieff, Alfermann, Jaeger und Freyhan. Eine große Zahl der mitgeteilten Fälle beruht auf Beobachtungen, die in der Armee angestellt wurden. Auch in der späteren Literatur, die allerdings seit 1897 etwas spärlicher geworden ist, treten die Erkrankungen beim Militär wieder in den Vordergrund.

Ohne zunächst auf die verschiedenen Ansichten bezüglich der Ätiologie, Symptomologie und pathologischen Anatomie näher einzugehen, seien hier die kurz präzisierten Angaben Fiedlers angeführt, die auch den bisherigen Standpunkt unseres Wissens nach dieser Seite im allgemeinen richtig wiedergeben.

1. Die Weilsche Krankheit ist eine akute Infektions- resp. Intoxikationskrankheit.

2. Sie ist wahrscheinlich (ätiologisch, symptomatologisch, anatomisch) iden-

Autoren		Vorgeschlagene bzw. angenommene Bezeichnungen	Zahl der Fälle		
			sichere	zweifelhafte	sicher unechte
Weil	1886	Typhus biliosus nostras	4	—	—
Landouzy	1883	Fièvre bilieuse ou hépatique	2	—	—
Eudes	1883	Ictère	—	—	22
Chauffard	1885	Ictère catarrhal (als Allgemeinerkrankung)	—	2	—
Mathieu	1886	Typhus hépatique	1	—	—
Goldschmidt	1887	Neue Infektionskrankheit Weils . . .	1	—	—
Aufrecht	1887	Akute Parenchymatose	—	2	—
Wagner	1887	Einheimisches biliöses Typhoid . . .	2	—	—
Roth	1887	Neue Infektionskrankheit Weils . . .	—	1	—
Haas	1887	Typhus abortivus biliosus	10	—	—
Heitler	1887	Icterus typh. (vorgeschl. f. echt. Weil) .	—	1	—
Fiedler	1888	Weilsche Krankheit	13	—	—
Hueber (Lebesanft)	1888	Fieberhafter Ikterus Weil	6	—	—
Kirchner	1888	Epidemie von fieberhafter Gelbsucht . .	—	8	—
Schaper	1888	Neue Infektionskrankheit Weils . . .	1	—	—
Pfuhl	1888	Typhus abdominalis mit Ikterus . . .	—	9	—
Nauwerk	1888	Fieberhafte Gelbsucht	—	2	—
Brodowski u. Dunin	1888	Weilsche Krankheit	—	1	—
Fraenkel	1889	Infektiöser resp. septischer Ikterus . .	—	1	—
Windscheid	1889	Weilsche Krankheit	2	—	—
Stirl	1889	Weils Krankheit	1	—	—
Vierordt	1889	Fieberhafte Gelbsucht	2	—	—
Cramer	1889	Weilsche Krankheit	—	2	—
Wassilieff	1889	Infektiöser Ikterus	9	8	—
Goldenhorn	1889	Weilsche Krankheit	1	—	—
Weiß	1889/90	Typhus biliosus nostras	2	—	—
Frantisek-Sumbera	1890	(= Typh. bilios. s. icterodes Kartulis) .	3	—	—
Hueber	1890	Weils fieberhafte Gelbsucht	4	—	—
Sésary	1890	Maladie de Weil	1	—	—
Ducamp	1890	Ictère infectieux	2	—	—
Karlinski	1890	Fieberhafter Ikterus	—	—	—
Herrnheiser	1892	Morbus Weilii	2	—	5
Alfermann	1892	Infekt. Ikterus oder Weilsche Krankheit	1	—	—
Fiedler	1892	Weilsche Krkh. (= biliös. Typh. Griesinger)	7	—	—
Jaeger	1892	Infekt. fieberh. Ikterus (Weilsche Krankh.)	9 [1]	—	—
Münzer	1892	Icterus infect. (sive febrilis)	9	—	—
Freund	1893	Ict. febr. seu Ict. inf. (Weil, Wassilieff) .	6	—	—
Strasser	1893	Fieberhafte Gelbsucht	—	3	—
Bosc et Guérin Valmate	1894	La soit-disant maladie de Weil . . .	1	—	—
Freyhan	1894	Weilsche Krankheit	1	—	—
Banti	1895	Infektiöser Icterus levis	1	—	—
Brosch	1896	Weilscher Symptomenkomplex	—	1	—
Leick	1897	Fieberhafter infektiöser Ikterus . . .	3	—	—
Leick	1897	Weilsche Krankheit	1	—	—
		Summa	108	41	27

1) + 1 schon von Hueber publiziert.

tisch mit dem zuerst von Griesinger 1852 in Kairo beobachteten und noch jetzt in Alexandrien, Smyrna usw. vorkommenden und neuerdings von Kartulis und Diamantopulos beschriebenen biliösen Typhoid (Typhus biliosus), einer Krankheit, die mit der Febris recurrens nichts gemein hat.

3. Es handelt sich bei der Weilschen Krankheit nicht um einen Kollektivbegriff, sondern um eine wohlcharakterisierte, spezifische Krankheit. Dieselbe ist streng unterschieden von Typhus abdominalis, von der Septikämie, dem Icterus catarrhalis usw. Sie ist ein morbus sui generis.

4. Die Krankheit befällt hauptsächlich das männliche Geschlecht in den Blütejahren, sehr selten Frauen und Kinder; sie kommt vorzugsweise in der heißen Jahreszeit vor.

5. Die Weilsche Krankheit beginnt ganz plötzlich, ohne Prodromalerscheinungen, meist von Schüttelfrost eingeleitet, mit heftigem Fieber, Kopfschmerz, Gehirnkongestionen, schweren Allgemein- und gastrischen Symptomen, vermehrtem Durstgefühl. Sehr bald, in der Regel schon am 2. Tage, treten heftige Muskelschmerzen, besonders in der Muskulatur der Waden ein, welche längere Zeit, oft wochenlang, anhalten.

6. Am 3. bis 7. Tage tritt Ikterus infolge von Gallenstauung auf, häufig, und meist entsprechend der Intensität des Ikterus, mit Schwellung und Schmerzhaftigkeit der Leber.

7. Das Fieber hat einen typischen Verlauf, hält gewöhnlich 8 bis 12 Tage an, der Abfall erfolgt staffelförmig. In etwa $2/5$ der Fälle tritt, 5 bis 8 Tage, nachdem die normale Temperatur erreicht war, eine zweite Temperatursteigerung ein, meist von geringerer Dauer und Intensität.

8. Der Puls ist anfangs frequent, auf der Höhe des Ikterus subnormal, selten aussetzend, häufig dikrot.

9. Nephritis (Albuminurie) wird bei der Weilschen Krankheit fast regelmäßig beobachtet (zuweilen Nephritis haemorrhagica). Die Urinmenge ist anfangs vermindert, der Urin eine Zeitlang gallenfarbstoffhaltig.

10. Schwellung der Milz läßt sich in der größeren Mehrzahl der Fälle, besonders in der ersten Zeit der Erkrankung, nachweisen; häufig erreicht der Milztumor eine beträchtliche Größe.

11. Herpes und Erytheme gehören zu den gewöhnlichen Vorkommnissen bei der Krankheit.

12. Epistaxis wurde sehr häufig beobachtet, sehr oft auch andere Schleimhautblutungen und in den schweren Fällen subkutane und submuköse Ekchymosen.

18. Katarrhe der Luftwege kommen bei der Weilschen Krankheit nur äußerst selten vor, Pneumonie und Pleuritis wurden nur einige Male beobachtet.

14. Die Krankheit gibt in unseren Klimaten eine verhältnismäßig günstige Prognose. — Die Rekonvaleszenz ist eine protrahierte.

Diesen, wie gesagt, auch heute noch im allgemeinen gültigen Leitsätzen wäre noch hinzuzufügen — wie dies von Fiedler selbst und später speziell von Werther, einem Assistenten Fiedlers, geschehen ist —, daß einen auffallend hohen Prozentsatz unter den erkrankten Zivilpersonen die Fleischer stellen, und daß bei den Epidemien unter dem Militär fast regelmäßig der Zusammenhang mit verdächtigem Wasser, meist Flußwasser, in den Vordergrund gestellt ist. Auch muß noch als charakteristisch hervorgehoben werden, daß bei den Kranken regelmäßig während der Fieberzeit ein auffallend starker Gewichtsverlust (bis 10 kg und mehr) beobachtet wurde.

Unter den oben angeführten Symptomen vermissen wir ferner die in unseren Fällen regelmäßig beobachtete und von uns in den meisten kasuistischen Veröffentlichungen verzeichnet gefundene Angina sowie als Folge des Ikterus das selten fehlende starke Hautjucken. Als selten beobachtete Komplikationen wären schließlich noch Parotitis, Parese der Stimmbänder, Neuritis und Iridocyclitis ergänzend anzuführen. (Weitere besondere klinische Beobachtungen während der Hildesheimer Epidemie folgen unter IV.)

Die bei den Sektionen erhobenen pathologisch-anatomischen Befunde sind nach Fiedler folgende:

Trübe Schwellung der Leberzellen, albuminöse, zum Teil fettige Degeneration der Nierenepithelien, zuweilen hämorrhagische Nephritis, in der Regel Schwellung der Milz; subkutane und submuköse Blutungen; Schwellung der Schleimhaut des Duodenums und Dünndarms, ikterische Färbung der Gewebe.

Die abweichenden Befunde bei einer Reihe anderer Beobachter (Aufrecht, Nauwerk, Fränkel u. a.) können übergangen werden, da es sich bei diesen Fällen unseres Ermessens nicht um Weilsche Krankheit gehandelt haben dürfte.

Haben somit die klinischen Beobachtungen schon ein ziemlich begrenztes und einigermaßen eindeutiges Bild des Morbus Weilii gegeben, so bieten bisher die pathologisch-anatomischen Befunde nur dürftige und wenig charakteristische Kennzeichen für die interessante Krankheit.

Noch ungünstiger aber steht es in rein ätiologischer Hinsicht. Die bisherigen mikrobiologischen Untersuchungen sind entweder völlig negativ ausgefallen, oder aber sie haben keineswegs einwandfreie bzw. unbestrittene Resultate ergeben.

Die ersten bakteriologischen Befunde bei Weilscher Krankheit und bei den als solche angesehenen Erkrankungen stammen von Nauwerk, Goldschmidt, Brodowski und Dunin.

Nauwerk hat „innerhalb des nekrotischen Gewebes und in den angrenzenden Teilen der Schleimhaut Ballen von Spaltpilzen" liegen sehen, die schon bei ganz schwacher Vergrößerung leicht erkennbar waren. „Weitaus die meisten Ansiedelungen bestanden aus sehr kleinen kurzen, nur ausnahmsweise etwas längeren und schlankeren, ziemlich plumpen Stäbchen, deren Enden abgerundet und meist intensiv gefärbt sind, während die Mitte häufig nahezu farblos geblieben ist." An Schnitten, die nach der Gramschen Methode behandelt wurden, ließen sich die Bazillenansiedelungen nicht nachweisen.

Goldschmidt hat in einem günstig verlaufenen Falle im Harn Zylinder gefunden, welche mit Kurzstäbchen dicht besetzt waren.

Brodowski und Dunin sahen zwischen den kleinzelligen Infiltrationen in nicht näher bezeichneten Organen — wahrscheinlich in der Milz — vergrößerte Zellen, deren Körper mit Mikrokokken angefüllt waren. Zugleich züchteten sie aus Lymphdrüsen einen weißen Traubenkokkus, während aus der Milz angelegte Kulturen steril blieben.

Globig fand bei einer Epidemie in Lehe, die mit großer Bestimmtheit auf das Baden in verunreinigtem Wasser zurückgeführt werden mußte, bei der aber sowohl Ikterus wie Nephritis fehlten, und gegen deren Zurechnung zur Weilschen Krankheit wir deshalb gewisse Bedenken nicht unterdrücken können, „im Darm lebhaft bewegliche, rasch wachsende, auf gewöhnliche Art schlecht färbbare Kurzstäbchen".

Neelsen (s. b. Fiedler) züchtete dann aus Blutproben, welche einem Kranken 4 Tage vor dem Tode entnommen waren, sowie aus den Organen nach dem Tode kleine, bewegliche Stäbchen, die nur bei Bruttemperatur wuchsen und Scheinfäden bildeten. Pathogene Wirkung im Tierversuch hatten diese Mikroorganismen nicht.

Während keinem der bisherigen Befunde in weiteren Kreisen Anerkennung zuteil wurde, fanden die Ergebnisse der folgenden Untersuchungen Jaegers größere Beachtung.

Ja, ein so ausgezeichneter Forscher, wie E. Gotschlich erwähnt in seiner „speziellen Prophylaxe der Infektionskrankheiten" im Handbuch von Kolle-Wassermann allein die Befunde Jaegers und baut die prophylaktischen Maßnahmen gegen die Weilsche Krankheit dementsprechend unter Hinweis auf die Infektiosität von Fäzes und Harn auf.

Jaeger gelang es, in den Organen von 2 an Weilscher Krankheit erlegenen Patienten mikroskopisch in gefärbten Schnitten bestimmte Stäbchen festzustellen und aus diesen Organen und außerdem bei 4 weiteren Fällen aus dem Harn einen dem Vibrio Metschnikoff ähnlichen Mikroorganismus zu züchten, den er als den Erreger der Krankheit ansprach und als „Bacillus proteus fluorescens" bezeichnete. Es gelang ihm auch, den gleichen Bazillus, der sich durch einen auffälligen Pleomorphismus kennzeichnete, in dem Donauwasser, durch das die Infektion wahrscheinlich bedingt war, nachzuweisen und ihn gleichzeitig als Erreger einer Geflügelseuche festzustellen, welche an einem Donauzufluß, der Blau, aufgetreten war. Tierversuche an Mäusen, die mit Reinkulturen dieses Bazillus und mit Organstückchen infiziert waren, fielen positiv aus. Im Gegensatz dazu blieben Blutkulturen von Kranken stets steril. Jaeger nahm auf Grund seiner Untersuchungen nicht eine spezifische pathogene Proteusart an, sondern bezeichnete alle Proteusarten — zu denen er auch den vorher schon von Bordoni-Uffreduzzi als Erreger einer neuen Infektionskrankheit des Menschen beschriebenen Proteus hominis capsulatus miteinrechnet — in gewissem Grade als pathogen.

Unter den Faktoren, welche die Virulenz der Proteusbakterien erhöhen, stehe in erster Linie die mehrmalige Passage durch den Tierkörper; sodann außerhalb des letzteren: hohe Temperatur, reicher Gehalt des Nährbodens an Stickstoffsubstanzen; endlich vielleicht die Anwesenheit gewisser anderer Bakterien.

Alle stickstoffhaltigen fauligen Substanzen, Fleisch, Fische, durch Jauche verunreinigtes Wasser erscheinen ihm verdächtig, nicht bloß Verdauungsstörungen, Intoxikationen, sondern auch schwere septische Erkrankungen herbeiführen zu können.

Später hat Banti in einem Falle von „Icterus levis" aus dem durch Punktion gewonnenen Milzblut einen Kapselbazillus gezüchtet, der dem des Rhinoskleroms und der Proteusarten ähnelte und den er „Bacillus icterogenes capsulatus" nannte. Er hat diesen Bazillus von dem Jaegerschen Proteus abgetrennt, während Jaeger auf die Kapselbildung als etwas Variables wenig Wert legt und ihn auch als Proteus anspricht.

Einen dem Bantischen Mikroorganismus ähnlichen Kokkobazillus fand Giani bei 3 Kranken.

Freund sah dann einen neuen Mikroorganismus bei Morbus Weilii und konnte ihn in 3 Fällen als einen kurzen Bazillus züchten. Dieser Bazillus zeigte Abweichungen von dem Jaegerschen und hatte auch keinerlei Ähnlichkeit mit dem Neelsenschen Bazillus.

Andere Arbeiten, so die von Pfaundler, Bar und Rénon, Conradi und Vogt, Brüning und die von Knauth, brachten später eine gewisse Bestätigung der Jaegerschen Befunde. Im Pfaundlerschen Falle wurden allerdings 2 Proteusarten, von Knauth neben einer Proteusart noch ein zur Aërogenesgruppe gehörender Bazillus gezüchtet. Bar und Rénon ihrerseits fanden in einem durch Syphilis komplizierten Falle von „Icterus gravis" einen Proteus vulgaris, und nur Conradi und Vogt züchteten einen dem Jaegerschen Bazillus vermutlich gleichen Proteus mittels einwandfreier Methoden aus dem Harn eines Kranken. Ebensowenig wie Jaeger selbst gelang übrigens Conradi und Vogt der Nachweis der Mikroorganismen im Blut der Kranken.

Später hat auch Brüning bei einem an Weilscher Krankheit leidenden Kinde (Säugling) einen Bazillus aus Stuhl und Urin — Blut auch hier steril —, sowie nach dem Tode aus den inneren Organen (Lunge, Leber, Niere, Milz) gezüchtet, den er als „Bac. proteus fluorescens" anspricht.

Neuerdings sahen dann de Paoli und Givelli, die bei einer an Icterus gravis verstorbenen Schwangeren bakteriologische Untersuchungen anstellten, in Leberschnitten einen kurzen dicken Bazillus, der meist isoliert, nur an einzelnen Stellen in den Kapillaren in kleinen Häufchen zu finden war. Es gelang ihnen, aus Leber und Milz einen tierpathogenen Mikroorganismus zu züchten, der etwas größer als das Bacterium coli war und sich kulturell und morphologisch dem Bac. sputigenus von Kreibohm näherte sowie gewisse Ähnlichkeiten mit dem Bac. cauliculus foetidus zeigte. Sie erwähnen gleichzeitig in ihrer Arbeit die sonst bei Icterus gravis gemachten bakteriologischen Befunde von Klebs (Bazillen), Eppinger, Balzer, Boinet und Boy Tessier (Kokken und Diplokokken), von Le Gall (Staphylococc. pyogen. aur.), Girode (außer Staphylococc. pyogen. aur. noch 2 mal einen Bac. coliformis), von Guarnieri und Vincent (Bazillus), von Hano (Bact. coli) und neben dem Jaegerschen Befunde bei Weilscher Krankheit die von Dupré, Gilbert, Girode, welche den Typhusbazillus in den Gallenwegen bei infektiösem Ikterus fanden.

Im Gegensatz zu diesen Autoren ist einer großen Reihe von Untersuchern vor und nach Jaeger weder im steril entnommenen Harn, noch sonst bei Weilscher Krankheit die Züchtung von Bakterien, in Sonderheit aber die des Proteus fluorescens, gelungen. Über derartige negative Ergebnisse, bei denen auch zum Teil auf Blutparasiten und Veränderungen der morphologischen Elemente des Blutes vergeblich gefahndet wurde, berichten u. a. Kirchner, Zupnick, Wassilieff, Sumbera, Leik, Schittenhelm, Eltester und Klieneberger. Auch in den Sanitätsberichten der letzten Jahre (1904/05 bis 1906/07) ist regelmäßig angegeben, daß bei den angestellten Untersuchungen Mikroorganismen, speziell Proteus, nicht gefunden wurden.

Dagegen ist mehrfach bei Weilscher Krankheit eine positive Widalsche Reaktion gegenüber Typhus- und Paratyphusbazillen festgestellt worden. So hat Ekardt über 2 Fälle von Morbus Weilii berichtet, deren Blutserum Typhusbazillen noch bis 1 : 1000 agglutinierte. Auch Zupnick berichtet über den positiven Ausfall der Widalschen Reaktion, und zwar fand er sie unter 6 Fällen 4mal positiv. Brüning sah in einem Fall dieser Krankheit bei einem Säuglinge bei der Verdünnung des Serums von 1 : 5 eine schwache Proteus- und starke Typhusagglutination.

Außer Brüning berichtet über einen positiven Ausfall der Agglutination des Serums Weilscher Kranker gegenüber dem Proteusbazillus noch Steinberg (1 : 160).

Im Sanitätsbericht 1907/08 ist bei Besprechung der Bromberger Epidemie aus dem Jahre 1908 erwähnt, daß 4 mal positive Reaktionen auf Typhus bzw. Paratyphus beobachtet wurden, nämlich

$$\left. \begin{array}{l} 1 \times 1: \ \ 50 \\ 1 \times 1:100 \end{array} \right\} \text{auf Typhusbazillen,}$$

$1 \times 1 : 100$ auf Paratyphusbazillen und

$1 \times 1 : 100$ auf Typhus- und Paratyphusbazillen.

Erwähnt sei schließlich noch, daß Spirillen und ähnliche Protozoen bei Weilscher Krankheit bzw. infektiösem Ikterus nie gefunden wurden.

Wir sehen also, daß bezüglich der Ätiologie des Morbus Weilii noch keine Klarheit herrscht, und infolgedessen ist auch seine Stellung zu den übrigen Infektionskrankheiten bisher recht wenig geklärt.

Unter den Krankheiten, denen der Morbus Weilii klinisch einigermaßen nahe steht, ist zunächst der Typhus abdominalis zu nennen. Typhus ist bekanntlich öfters mit Ikterus kompliziert (nach Griesingers Beobachtungen kam unter 600 Typhusfällen 10mal Ikterus vor), auch findet sich häufig ein auffallendes zeitliches Zusammentreffen von Typhus mit Weilschen Erkrankungen bzw. infektiösem Ikterus, wie dies aus den Arbeiten von Kelsch, Haas, Ad. Pfuhl u. a. hervorgeht. Trotzdem wird man beide Krankheiten schon auf Grund der bakteriologischen und serologischen Befunde scharf trennen können, abgesehen davon, daß die Sektionsbefunde deutlich differieren.

Auch die Ähnlichkeit des Morbus Weilii mit der akuten gelben Leberatrophie ist nur eine oberflächliche. Die Krankheit Weils befällt meist Männer, die andere vorwiegend Frauen. Im klinischen Bilde bestehen erhebliche Differenzen: noch größere im pathologisch-anatomischen Befund und in der Prognose.

Dagegen ist nach der vorliegenden Literatur (besonders den Arbeiten von Kartulis und Diamantopulos) die Ähnlichkeit des Morbus Weilii mit dem in Smyrna und Ägypten en- und epidemisch auftretenden, gut beschriebenen Typhus biliosus (Typhus icterodes

Diamantopulos) zum Teil recht auffallend. Während Griesinger diese Krankheit noch als eine Form der Febris recurrens auffaßte, zeigten Kartulis, Diamantopulos und Goldhorn, daß beide Krankheiten nichts miteinander zu tun haben. Schon Weil hat die Ähnlichkeit seines Symptomenkomplexes mit dem des Typhus biliosus hervorgehoben, und nach ihm unter Anderen Wassilieff, Hennig und Goldhorn. Letzterer hält die Weilsche Krankheit direkt für eine leichte Form des Typhus biliosus. Fiedler betont die Ähnlichkeit der pathologisch-anatomischen Befunde, die sich bei beiden Krankheiten fast decken.

Besteht somit eine allgemein anerkannte Ähnlichkeit mit dem Typhus biliosus, so erstreckt sich diese schließlich auch auf das „tropische Gelbfieber", mit dem der Typhus biliosus wieder eine sehr in die Augen springende Verwandtschaft des klinischen Bildes zeigt. Auch epidemiologische Analogien finden sich bei beiden. Ebenso wie in Rio die Infektionen an Gelbfieber nur in der niedrig gelegenen Stadt selbst beobachtet werden und nicht in dem höher gelegenen Vorort Petropolis, so kommt nach Diamantopulos auch in Smyrna der Typhus icterodes nur in dem niedrigen, am Strande gelegenen Stadtteil vor. In ähnlicher Weise wird übrigens auch das sogenannte „Pappatacifieber", auf das wir später noch näher einzugehen haben werden, meist nur in niedrig gelegenen Orten beobachtet.

Sandwich schließlich hat kürzlich eine Beschreibung des „infektiösen Ikterus der Mittelmeerländer" gegeben, der ebenfalls eine große Ähnlichkeit mit Morbus Weilii erkennen läßt.

Man kann also klinisch von einer gewissen Ähnlichkeit der Weilschen Krankheit mit dem Typhus biliosus, dem Gelbfieber und ihm nahestehenden Krankheiten sprechen, während sie zugleich nach der anderen Seite von dem Typhus abdominalis und der akuten gelben Leberatrophie klinisch gut abzugrenzen ist.

Es gibt nun aber noch einige klinisch weniger stürmisch verlaufende Krankheitszustände, die, besonders zu Zeiten einer Epidemie von Morbus Weilii, von leichten Fällen dieser Art oft kaum zu trennen sind. Es kommen hierbei in erster Linie in Betracht: der „akute Magenkatarrh" und der „einfache katarrhalische Ikterus".

Merkwürdigerweise ist die Abgrenzung leichterer Fälle von Morbus Weilii gegenüber dem akuten Magenkatarrh in der Spezialliteratur über die erstere Krankheit wenig diskutiert, wenngleich in den Lehrbüchern (z. B. in v. Mehrings Lehrbuch der inneren Medizin) derartige Hinweise nicht fehlen. Wir werden auf diesen oft engen Zusammenhang zwischen „akutem Magenkatarrh" und „Weilscher Krankheit" bei

näherer Besprechung der einzelnen Epidemien später noch zurück-
zukommen haben.

Auch zwischen dem „epidemisch" auftretenden katarrhalischen
Ikterus und der Weilschen Krankheit bestehen klinisch fließende
Übergänge. Dies geht schon allein daraus hervor, daß in früherer Zeit
alle Epidemien von sog. Icterus gravis, die wir nach unserer jetzigen
Kenntnis zum größeren Teile als Fälle echter Weilscher Krankheit
ansehen müssen, mit unter die Ikterusepidemien gerechnet sind.

Eine besondere Erwähnung bedarf endlich noch die Stellung der
Weilschen Krankheit zu den verschiedenen in südlicheren Ländern
besonders beobachteten „Sommerfiebern", zu denen das schon erwähnte „Pappatacifieber" gehört. (Siehe Angaben bei Doerr,
Franz und Taussig.) Wie wir später zeigen werden, muß die
Weilsche Krankheit diesen Krankheiten (Pappatacifieber, Febbre
climatica, Dengue) in der Tat sehr nahe gestellt werden.

IV. Beobachtungen und Untersuchungen bei der Hildesheimer Epidemie.

a) Klinische Beobachtungen.

Nach diesen Vorbemerkungen kehren wir zunächst zu der Epidemie
in Hildesheim zurück.

Bei näherer Betrachtung des klinischen Verlaufs der einzelnen
Krankheitsfälle zeigten sich einige interessante neue Erscheinungen,
die kurz erwähnt werden müssen:

Zunächst der nicht unwesentliche Unterschied im Verlauf bei den Erkrankungen im Anfang, auf der Höhe und
gegen Ende der Epidemie.

Dieser Unterschied kennzeichnet sich einerseits durch den verschiedenartigen Typus der Fieberkurven und andererseits durch die
Schwere der klinischen Erscheinungen.

Was zunächst die Fieberkurve anbetrifft, so ist sie im Anfang
der Epidemie vielleicht durch das dargereichte Aspirin beeinflußt
worden. Sie zeigt hier einen sehr unregelmäßigen Verlauf (Typus A),
der aber zum Teil jene schon von Wassilieff erwähnte charakteristische Neigung zeigt, bereits am 1. oder 2. Tage rasch zu sinken, um
am nächsten Tage wieder zu steigen (Beispiel Kurve „He" Nr. 1).
Bei einer weiteren Gruppe von Kranken (Typus C) ist schon mehr
der von Weil selbst präzisierte Charakter des Fiebers deutlich:
rasches Ansteigen, Mangel eines Fastigiums, staffelförmige, mehrere
Tage dauernde Lysis (Beispiel Kurve „Hu" Nr. 17). Bei dieser

Gruppe findet sich übrigens fast regelmäßig (bei den anderen Gruppen seltener) nach der Entfieberung eine mehrtägige subnormale Körpertemperatur. Erst wenn sich nach einigen Tagen ein ganz leichtes Fieber-„Rezidiv" geltend gemacht hat (37,0 bis 37,5), folgt der Übergang zur normalen Körpertemperatur.

Bei einer 3. Gruppe endlich tritt nach dem Anstiege nicht sofort die staffelförmig abfallende Lysis, sondern eine Art Fastigium ein, allerdings mit erheblichen Remissionen und erneuten vorübergehenden Temperaturanstiegen (Typus B, Beispiel Kurve „Zi" Nr. 7).

Wir können also nach der Temperaturkurve 3 Gruppen von Kranken unterscheiden, und diese 3 Gruppen entsprechen nun fast ganz genau 3 anderen Gruppen, die sich nach der Schwere der klinischen Erscheinungen aufstellen lassen.

Wie aus der Tabelle auf S. 25 ersichtlich ist, sind die Weilschen Kardinalsymptome eigentlich nur bei den Kranken mit Fiebertyp B ausgeprägt.

Bei fast allen Kranken dieser Gruppe finden sich Ikterus, Milzschwellung und Nephritis; daneben Rezidive, Leberschwellung und Nasenbluten. Bei den Fällen der Anfangs- und Endperiode ist (mit einer Ausnahme) regelmäßig auch Albuminurie festgestellt, aber Ikterus findet sich erst beim 7. Zugange und unter den 4 letzten überhaupt nicht mehr, ebenso werden Leber- und Milzschwellung vermißt. Trotzdem wird man auch in diesen Fällen an der Diagnose „Morbus Weilii" nicht zweifeln können, besonders wenn man sich — wie dies aus Tabelle S. 25 klar ersichtlich ist — die fließenden Übergänge zwischen den einzelnen Erkrankungsfällen vor Augen hält. Auf die frappante Ähnlichkeit, welche diese „ohne Ikterus" verlaufenden Krankheitsfälle mit der oben genannten, von den österreichischen Militärärzten (Doerr, Franz und Taussig) in neuerer Zeit genau studierten „Hundskrankheit" haben, möchten wir an dieser Stelle besonders hinwiesen. Es muß eigentlich überraschen, daß von den österreichischen Kameraden in ihrer ausgezeichneten Arbeit auf diese Ähnlichkeit der Symptome an keiner Stelle hingewiesen wird; denn die klinischen Erscheinungen, auch die pathologisch-anatomischen Befunde (und, wie wir zu zeigen hoffen, die Epidemiologie) decken sich in fast allen Punkten bei beiden Krankheiten. Selbst die Fieberkurven, speziell unseres Typ C, zeigen eine außerordentliche Ähnlichkeit mit den von Franz wiedergegebenen Kurven des „Pappatacifiebers".

Der große Vorteil, daß man während einer Epidemie in der Lage ist, neben ausgeprägten auch ganz leichte Formen derselben Krankheit zu verfolgen, ist gerade im vorliegenden Falle eklatant. Gingen doch alle Kranken äußerlich unter dem gleichen Bilde, meist mit Erbrechen und unter schwerer Hinfälligkeit, zu und wiesen erst im späteren Verlaufe die genannten Unterschiede auf.

Es ist sehr lehrreich, an dem Beispiel dieser Epidemie die erheblichen Unterschiede im klinischen Befunde hervorzuheben. Wir erkennen daraus, wie schwer es im Einzelfalle, besonders bei leichterem Verlauf, ja wie fast unmöglich es unter Umständen sein kann, die Weilsche Krankheit zu diagnostizieren. In der Tat haben wir auch bei der Durchsicht früherer Krankenblätter, wie wir hier vorausnehmen wollen, uns überzeugen können, daß gerade im Beginn einer Epidemie, wo (wie bei der Hildesheimer Epidemie) nicht alle Symptome ausgeprägt waren, die Krankheit häufig nicht richtig erkannt wurde.

Andererseits haben wir aber auch Krankheitsbilder angetroffen, die dem behandelnden Arzt — meist wegen bestehender Gelbsucht — als Weilsche Erkrankung imponierten, mit dieser aber gar nichts zu tun hatten. Derartige Beobachtungen sind an und für sich nichts Neues. So hat z. B. Brosch eine Erkrankung beschrieben, die ganz unter dem Bilde des Weilschen Symptomenkomplexes verlief, sich aber bei der Sektion als eine chronische Lymphdrüsentuberkulose, mit Tuberkulose des Peri- und Endokards, der Leber und anderer Organe in miliarer Form erwies. Ein Beweis, daß das klinische Bild Weils durch verschiedenartige Ursachen hervorgerufen werden kann, wie dies ja längst bekannt ist!

Bei unseren Nachprüfungen, die wir besonders auf die Fälle ausdehnten, die in den für Weilsche Erkrankungen ungewöhnlichen Jahreszeiten beobachtet wurden, ist uns eine Krankengeschichte in die Hände gefallen, die als typisches Beispiel gerade für jene fiebernden Erkrankungen gelten kann, bei denen der Arzt durch das Auftreten von Gelbsucht in seiner Diagnose irregeleitet wird. Es handelt sich um eine im Winter entstandene fieberhafte Krankheit, deren Temperaturkurve einerseits ganz und gar nicht charakteristisch für Weilsche Krankheit ist, die andererseits vielmehr geradezu so typisch für Typhus abdominalis erscheint, daß es für uns zur sicheren Stellung dieser Diagnose nicht einmal des Studiums des in unserem Sinne gleichfalls beweiskräftigen Krankenblattes bedurft hätte (Kurve siehe S. 20/21).

Aus der Betrachtung der einzelnen Krankheitsbilder bei der Hildesheimer Epidemie ergibt sich also die wichtige Tatsache, daß ebenso wenig wie bei anderen Infektionskrankheiten

Fieberkurve eines Typhusfalles mit Ikterus, der irrtümlich als „Weilsche Krankheit“ angesprochen ist (s. S. 19).

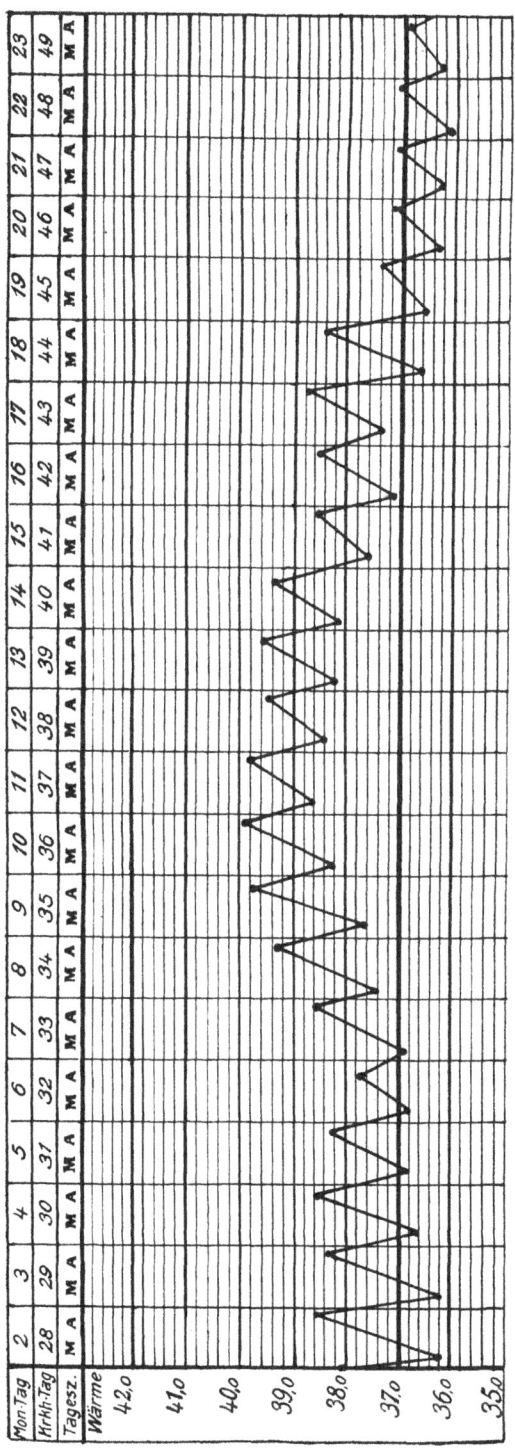

auch beim Morbus Weilii in jedem Falle alle klinischen —
speziell die von Weil postulierten — Erscheinungen vollzählig vorhanden sind. Treffen wir doch z. B. beim Scharlach,
dessen Erreger uns gleichfalls noch unbekannt ist, in derselben Epidemie neben symptomatisch lückenlos charakterisierten Fällen nicht
selten auch solche, bei denen das eine oder andere wichtige Symptom
fehlt, ohne daß Zweifel an der Diagnose aufkommen können. Noch
bezeichnender in dieser Beziehung ist die von uns und auch von
anderen in Typhusepidemien ziemlich häufig gemachte Beobachtung,
daß das Krankheitsbild kaum eins der für diese Krankheit als typisch
geltenden Symptome darbot, und die bakteriologische und serologische Untersuchung gleichwohl die ätiologische Einheit zweifelfrei
dartat[1]).

Berücksichtigt man, daß neben der Intensität der Infektion (speziell der „Infektionsdosis") und der Eigenart des Infizierten auch noch
anderen äußeren Umständen und Einwirkungen eine große Bedeutung
für die Entwicklung und den Grad der Krankheitserscheinungen zu-
kommt, so können derartige Abweichungen in der Symptomatologie
nicht befremdlich erscheinen.

Hierher gehört nun eine bemerkenswerte Beobachtung, die wir
bei summarischer Betrachtung des klinischen Verlaufs der einzelnen
Fälle anzustellen Gelegenheit hatten. Es handelt sich dabei um die
letzten Zugänge der Epidemie, die vom 31. 7. ab, an welchem Tage
das Badeverbot erlassen wurde, erfolgten (s. Tabelle S. 3 u. 25).

Während die beiden Leute, die am 31. 7. erkrankten und am Tage
vorher noch gebadet hatten, ein 6 bzw. 7 tägiges Fieber durchzumachen
hatten und sowohl Leber- wie Milzschwellung zeigten, waren bei allen
späteren Zugängen an diesen Organen keine Abweichungen mehr zu
erkennen, und es war ein gleichmäßig fortschreitender Nachlaß der
Fieberdauer und der Albuminurie festzustellen. Jeder folgende Zugang
bot ein milderes Bild dar. Dieser Abfall der klinischen
Symptome steht nun in direktem Verhältnis zu der Zeit,
seit der die betreffenden Leute nicht mehr geschwommen
hatten.

Wir wollen hier vorausschicken, daß wir auf Grund von Beobachtungen bei der Weilschen Krankheit mit einer Inkubationszeit von
mindestens 7 Tagen rechnen müssen. Je seltener nun der Infizierte
noch geschwommen hatte, desto leichter verlief die Erkrankung. Seit
dem letzten Schwimmunterricht (der im übrigen täglich stattfand) hatte

---

1) Vergl. Hecker u. Otto, Deutsche militärztl. Zeitschr. 1909. Nr. 22.

der Letzterkrankte 7 Tage, die voraufgehenden 6, 4 und 2 Tage nicht geschwommen. Dementsprechend waren die klinischen Erscheinungen an den einzelnen Kranken bei jedem folgenden Zugange am Schlusse der Epidemie immer geringer. Weshalb einzelne andere Leute (z. B. Zugang 1 und 3), die bis zum Tage ihrer Erkrankung geschwommen hatten, nicht schwer erkrankt sind, ist nicht ganz klar. Bei Nr. 3 findet sich übrigens in der Vorgeschichte die Bemerkung, daß er Anfang Juli „wegen Erkältung" das Schwimmen eine Woche ausgesetzt habe. Wir sind im übrigen geneigt zugleich anzunehmen, daß das Virus anfangs weniger virulent war (s. später).

Es ergibt sich für uns also die wichtige Tatsache, daß die anstrengende Körperarbeit des Schwimmens als besonders verschlimmerndes Moment auf den späteren Krankheitsverlauf des Infizierten wirkt.

Diese wichtige Tatsache stellt eine überraschende Analogie mit einer von uns[1]) bei der Typhusepidemie 1909 gemachten Beobachtung dar. Auch dort konnten wir zeigen, daß gerade unter den Leuten der Regimenter, die im Munsterlager Truppenübungen abhielten und besonderen Anstrengungen ausgesetzt gewesen waren, die Typhuserkrankungen einen äußerst schweren Verlauf nahmen.

Aber noch nach einer anderen Richtung ist die geschilderte Tatsache von Bedeutung. Spielen tatsächlich vorausgegangene Körperanstrengungen eine maßgebende hülfsursächliche Rolle für den Ausbruch bzw. für die Vollständigkeit des als Weilsche Krankheit bekannten Symptomenkomplexes, dann darf es uns nicht befremden, wenn letzterer besonders häufig unter den Männern in den Blütejahren und vorwiegend unter den Berufsarten beobachtet wird, die verhältnismäßig hohe Anforderungen an die körperliche Arbeit stellen.

Neben dieser interessanten Beobachtung über die Entstehung des Weilschen Symptomenkomplexes seien hier noch einige klinische Erscheinungen angeführt, welche in früheren Publikationen über Weilsche Krankheit seltener oder gar nicht Erwähnung finden.

Hierher gehört zunächst eitrig-seröser Harnröhrenausfluß, der 1 mal beobachtet wurde. Wir sind geneigt, ihn als direkte Folge der Weilschen Krankheit aufzufassen, weil er plötzlich nach längerem Aufenthalt im Lazarett (am 19. Krankheitstage) auftrat, und weil sich trotz mehrfacher und sorgsamer Untersuchungen nie Gonokokken in ihm nachweisen ließen.

---

1) l. c.

Weitere fast ausnahmslos bemerkte Krankheitserscheinungen sind ein übler Geruch aus dem Munde und ein graugelber Zungenbelag neben der schon erwähnten ziemlich starken Auftreibung des Leibes durch Gase. Selten, im Vergleich zu den Angaben in der Literatur, wurden in unseren Fällen Schüttelfröste im Beginn der Krankheit gesehen. Ein Kranker entleerte eines Nachts teerfarbenen, aus schwarzem Blut bestehenden Stuhl, nachdem ihm am Tage trotz hinterer Tamponade in Rückenlage das Blut aus der Nase in den Rachen gelaufen war. (Vielleicht lag zugleich Blutung im Magendarmkanal vor?)

Bei den Rezidiven war bemerkenswert, daß fast regelmäßig Albuminurie immer erst wieder auftrat, wenn das Fieber schon einige Tage bestanden hatte oder bereits im Abklingen begriffen war.

Eine Zusammenstellung der bei dieser Epidemie beobachteten klinischen Symptome gibt die Tabelle S. 25.

b) Ätiologische Studien.

Nach diesen klinischen Bemerkungen seien kurz der Gang und die Ergebnisse unserer ätiologischen Untersuchungen geschildert.

Die gelegentlich der Epidemie ausgeführten mikrobiologischen Untersuchungen erstreckten sich — abgesehen von den eingangs erwähnten Untersuchungen auf Influenza usw. — zunächst auf Versuche, den Proteusbazillus oder sonst einen spezifischen Mikroorganismus kulturell im Blut, Harn oder in den Fäzes zu finden. Zu diesem Zwecke wurden bei den Kranken steril aus der Armvene entnommene Blutproben und steril mittels Katheters entleerter Urin nach den üblichen bakteriologischen Methoden (aërob und anaërob, auf flüssigen und festen Nährböden) verarbeitet.

In keinem dieser Fälle gelang der Nachweis von Proteusbazillen; alle Kulturen blieben trotz langer (bis zu 14 Tagen dauernder) Bebrütung steril.

Bei den Stuhluntersuchungen wurden Ausstriche auf gewöhnlichen Agar-, Lackmus-Milchzuckeragar- und Fuchsinagarplatten angelegt, und die aufgehenden Kolonien einer orientierenden Agglutinationsprobe mit Serum der Kranken unterworfen, ohne daß es gelang, irgend wie in nennenswerter Weise beeinflußte Bakterien aufzufinden.

Neben den Versuchen, kulturell einen spezifischen Erreger zu entdecken, gingen mikroskopische Untersuchungen des Blutes und Urinsedimentes auf korpuskuläre Elemente einher. Auch diese verliefen völlig negativ. Es wurden keine als Bakterien oder Protozoën anzusprechende Gebilde gefunden, ebensowenig wie sich in den Stuhlgängen Flagellaten oder Amöben nachweisen ließen.

Hildesheim 1910.

Lfde. Nr.	Name	Truppenteil	Lazarett-aufnahme am	gebadet	geschwommen	Dauer der Lazarettbehandlung	Fieber Typ	Fieber Dauer in Tagen	Erbrechen	Bronchitis	Ikterus	Leber	Milz	Eiweiß	Gallenfarbstoff	Formbestand-teile (Blut)	Blutungen (Nase)	Petechien	Exanthem	Herpes	Haarausfall	Drüsen	Rezidive Anzahl	Rezidive Dauer (Tage)	Bemerkungen
1	Musk. He.	4/79	15. 7.		d.*)	45	A	6		++				+					+						
2	„ Hü.	5/79	23. 7.		d.*)	37	A	7						+											
3	Gefr. Alg.	2/79	22. 7.		d.**)	38	A	6						+											
4	„ Kl.	11/79	21. 7.		5	39	B	9	+	+	+	+	+	+	+	+	+		+						
5	Musk.Schli.	5/79	21. 7.		2	39	B	7	+	+	+	+	+	+	+	+	+		+				+++	7 8 4	
6	„ Be.	3/79	24. 7.		4	36	B	5	+	+	+	+		+			+								
7	„ Zi.	9/79	24. 7.		1	77	B	8	+			+		+			+								
8	„ Wo.	6/79	26. 7.		2	75	B	9	+			+	+	+		+			+						
9	„ Kä.	5/79	29. 7.		1	63	B	8				+		+											
10	„ Do.	9/79	30. 7.		d.	46	B†)	10			+	+	+	+	+		+	+	+	++			++	7+5	
11	„ Os.	M.G.K.	30. 7.		d.	71	(B) C	5	+	+				+						++					
12	„ Bo.	4/79	30. 7.		1	53	(B) C	5	+	+				+											
13	„ Sche.	3/79	31. 7.		1	52	B	7			+	+	+	+	+								+	9	
14	„ Wi.	12/79	1. 8.		1	65	B	6	+	+		+		+											
15	„ Br.	9/79	1. 8.		1	49	(B) C	6						+											
16	Untffz. Ti.	1/79	2. 8.		1	49	B	7			+	+	+	+	+		+		+						
17	Musk. Hu.	8/79	3. 8.		2	48	C	4					+	+											
18	E. F. Li.	11/79	3. 8.		4	51	C (B)	5	+					+					+				+	2	14 Tage Harn-röhrenausfluß ohne Gono-kokken.
19	Musk. Boc.	8/79	6. 8.		6	49	C	3						++					++						
20	„ Gü.	1/79	8. 8.		7	44	C	4						++											

*) d = noch am Erkrankungstage. **) auch noch nach der Erkrankung. †) Uebergangstypen.

Erwähnt sei bei dieser Gelegenheit noch, daß auch an den Blutkörperchen keine auffallenden Veränderungen gefunden wurden, im besonderen war wenigstens in den untersuchten Fällen keine Eosinophilie vorhanden, die bekanntlich für manche durch tierische Parasiten erzeugte Infektionskrankheiten pathognomonisch ist.

Weiterhin wurden serologische Untersuchungsmethoden herangezogen und zunächst das Blutserum der Kranken, später auch das von Rekonvaleszenten auf spezifische Agglutinine geprüft.

Diese Agglutinationsversuche bezogen sich einmal auf Proteusstämme verschiedenster Herkunft. Zum Teil hatten wir sie aus Stuhl- und nicht steril aufgefangenen Urinproben der Kranken gezüchtet, zum Teil von anderen Instituten bezogen. Außer den Proteusarten verwandten wir mehrere fluoreszierende Bakterien. Leider standen uns die Originalkulturen Prof. Jaegers, die uns neuerdings erst in Aussicht gestellt sind, und Prof. Bantis, die nach einer Mitteilung des Genannten vor Jahren verloren gegangen sind, nicht zur Verfügung. Gegenüber den anderen Stämmen ließen sich aber weder bei Kranken, noch bei Rekonvaleszenten spezifische Agglutinine gegenüber Proteusbazillen auffinden, wie dies in einem Falle von „chronischer Lebervergrößerung mit Ikterus" (bei 1 : 160) Steinberg und in einem als Morbus Weilii aufgefaßten Falle Brüning (schwach 1 : 50) gelungen war. Nach den Beobachtungen Pfaundlers bei Proteusbazillosen und Klienebergers, der bei Proteus vulgaris-Allgemeininfektionen bemerkenswerte hohe Titer für den homologen und andere Vulgarisstämme gefunden hat, dürften unsere, nach jeder Richtung negativen Resultate jedenfalls den Schluß gestatten, daß wenigstens ein Proteus vulgaris der Erreger der Weilschen Krankheit nicht ist.

Dagegen konnten wir bei unseren 20 Kranken 2 mal positive Reaktionen auf Typhus bzw. Paratyphus beobachten, und zwar:
1 mal (Musketier Be., 8. Krankheitstag) bei 1 : 50 auf Typhus und
1 mal (Musketier Br., 7. Krankheitstag) bei 1 : 100 auf Typhus und
　　Paratyphus.

Wir haben außer auf Bakterien der Proteus- und Fluoreszensgruppe die Agglutinationsversuche auf Typhus- und Paratyphusbazillen ausgedehnt, weil — wie bereits oben erwähnt — über positive Befunde nach dieser Richtung hin mehrfach berichtet ist. Dabei war zu berücksichtigen, daß man auch sonst bei Ikterischen nicht selten positiven Ausfall der Widalschen Reaktion beobachtet hat.

Als wir Anfang September das Blut von 10 Rekonvaleszenten auf Agglutination gegenüber Typhus und Paratyphus prüften, fanden wir noch bei 2 Leuten, die während der Krankheit negativ reagiert hatten, positive Reaktionen auf Paratyphus B, und zwar agglutinierte Serum „Ti" bis 1 : 50, Serum „Os" bis 1 : 100. Ein drittes Serum („Li") agglutinierte den gleichen Paratyphusstamm bei 1:50 undeutlich, etwas stärker (bei 1 : 50) eine andere aus der Milz des später zu erwähnenden Affen gezüchtete Paratyphuskultur.

Eine besondere Bedeutung dürfte diesen immerhin geringen Agglutinationswerten nicht zukommen. Bekanntlich beeinflußt auch bei anderen Infektionskrankheiten, z. B. bei Maltafieber, das Blutserum der Kranken den Paratyphusbazillus in höherem Grade, obgleich dieser dem Maltakokkus doch nicht besonders nahe steht. Es handelt sich hierbei wahrscheinlich wohl um Sekundärinfektionen mit den (saprophytischen?) Paratyphusbazillen.

Schließlich haben wir mit dem Blutserum der Kranken und Rekonvaleszenten auch noch Komplementablenkungsversuche angestellt.

Als Antigene zu diesen Versuchen wurden einmal Extrakte aus normalen Organen bzw. syphilitischer Leber benutzt, welche wir zur Anstellung der Wassermannschen Reaktion vorrätig hatten, andererseits verwandten wir bei den Versuchen einen Extrakt, welchen wir aus der Leber eines am 10. 8. eingegangenen Affen hergestellt hatten, von dem angenommen werden konnte, daß er an Weilscher Krankheit zu Grunde gegangen war.

Alle mit diesen Antigenen ausgeführten Versuche verliefen negativ.

Weiter müssen dann noch Tierversuche erwähnt werden, die wir zunächst an Mäusen, Meerschweinchen und Kaninchen vornahmen. Diesen Tieren wurde teils intraperitoneal, teils subkutan, teils intravenös frisch entnommenes defibriniertes Blut von den an Weilscher Krankheit leidenden Soldaten eingespritzt, ohne daß die Tiere erkrankten. Diese Versuche lieferten also eine Bestätigung der Angaben anderer Autoren (Fiedler, Schittenhelm u. a.), die in gleicher Weise vergebens versucht haben, die Krankheit auf Tiere zu übertragen.

Nach diesen Mißerfolgen wandten wir uns dazu, an Affen (Cercopitheken) Übertragungsversuche anzustellen.

Leider gelangten wir erst in den Besitz von Affen, als bereits alle Kranken in vorgeschrittenem Krankheitsstadium standen, ja die Mehrzahl schon entfiebert war. Nur bei der Impfung des ersten Affen, die am 8. 8. erfolgte, stand uns noch ein frischer Zugang zur Verfügung, und zwar der am 6. 8. erkrankte Musketier Gü. Er maß, als ihm am 8. 8. mittags Blut zur Injektion für den Affen entnommen wurde, 39,2°C und zeigte keine nennenswerte Gelbsucht, während im übrigen das klinische Bild ganz den anderen Fällen entsprach.

Mit 1,0 ccm des von ihm durch Aderlaß entnommenen defibrinierten Blutes wurde Affe I subkutan injiziert. Das Tier erkrankte am Abend des 9. 8. (30 Stunden nach der Injektion) mit leichtem Durchfall, der am 10. 8. stärker wurde. Gegen Abend dieses Tages machte das Tier einen schwerkranken Eindruck und ging in der Nacht (gegen 10 Uhr = 56 bis 57 Stunden nach der Injektion) ein. Die Sektion ergab eine leichte Schwellung der Darmschleimhaut. Die inneren Organe waren nicht auffallend verändert, doch erschien die Leber vergrößert. Auf dem Durchschnitt zeigte die Milz eine deutliche Schwellung der Follikel. Im goldgelb aussehenden Urin fand sich kein Eiweiß.

Am nächsten Morgen wurden von den Organen und vom Blut Kulturen (aërob und anaërob) angelegt. Außerdem wurden

1 Kaninchen mit 1 ccm Blut aus Herz bzw. der unteren Hohlvene intravenös,
1 Meerschweinchen mit 0,5 ccm Leberaufschwemmung subkutan und
2 Mäuse mit 0,5 ccm Blut bzw. Organaufschwemmung intraperitoneal bzw. subkutan

geimpft.

Diese Tiere blieben sämtlich gesund und am Leben.

Aus der Leber des eingegangenen Affen wurden neben Fäulnisbakterien vereinzelte Paratyphuskolonien gezüchtet, ein Befund, dem von uns keine besondere Bedeutung beigelegt wird, da erfahrungsgemäß bei Affen öfters Paratyphusbazillen gefunden werden.

Die mikroskopische Untersuchung der einzelnen Organe ergab folgendes (Prosektor Prof. Dr. Stroebe):

Leber: Im allgemeinen gut erhaltene Struktur, Nekrose und Zerfall einzelner Leberzellen, reichliche Ablagerung von Haemosiderin in Leberzellen und periportalem Gewebe, zum Teil auch innerhalb phagozytischer Zellen in den Leberkapillaren. Keine sicheren Mikroorganismen, dagegen eigentümliche Gebilde (Amoeben? Parasiten?).

Milz: Massenhafte Ablagerung von Haemosiderin in der Pulpa, zum Teil in phagozytischen Zellen, zum Teil in den Endothelien der Bluträume. Keine sicheren Mikroorganismen.

Nieren: Bereits in Fäulnis übergegangen.

Das Haemosiderin schien zum Teil sicher von frischem Zerfall von Blutkörperchen herzurühren. Malariaparasiten wurden nicht gesehen.

Die Affen II und III, welche wir erst später (am 12. bzw. 17. 8.) erhielten und in gleicher Weise wie Affe I mit dem frisch entnommenen und defibrinierten Blute fiebernder Rezidiv-Kranker impften, blieben gesund. Ebenso die zusammen mit ihnen geimpften Kaninchen, Meerschweinchen und Mäuse. Die Kaninchen erhielten (wie früher) je 1 ccm defibriniertes Blut intravenös, die Meerschweinchen 0,5—1,0 ccm intraperitoneal, die Mäuse 0,5 ccm subkutan.

Das Blut für die Impfung des Affen II am 12. 8. stammte von dem Musketier Zi. (Temperatur mittags bei der Entnahme nicht gemessen, morgens 37,0, abends 38,7). Zu der Impfung des Affen III am 17. 8. wurde das Blut von Musketier Wi. (Temperatur mittags 37,9) entnommen. Zi. befand sich am 2., Wi. am 3. Tage des Rezidivs.

Von den 3 geimpften Affen ist also nur einer erkrankt und eingegangen. Immerhin gerade derjenige, welcher mit dem Blut eines Kranken im Beginn der frischen Erkrankung behandelt war. Ohne Schlüsse aus diesem wegen seiner Einzahl mit aller Reserve mitgeteilten Falle (von gelungener Übertragung?) ziehen zu wollen, möchten wir doch daran erinnern, daß außer bei dem später noch näher zu besprechenden „Pappatacifieber" auch beim echten Gelbfieber eine direkte Übertragung der Krankheit durch Blutimpfung nur am 1. und 2. Krankheitstage möglich ist. Daß ferner im Gegensatz zu den anderen Tierarten allein der Affe erkrankte und einging, braucht nicht als paradox zu erscheinen, da ähnliche Beobachtungen auch bei anderen Infektionskrankheiten vorkommen.

Bekanntlich sind bei der in neuerer Zeit im Vordergrund des Interesses stehenden spinalen Kinderlähmung gerade durch die Affenversuche in ätiologischer Hinsicht äußerst bemerkenswerte Erfolge erzielt worden, nachdem sich eine außerordentlich große Reihe von anderen Tieren (mit einziger Ausnahme vielleicht des Kaninchens) als ungeeignet für die experimentelle Poliomyelitis erwiesen hatte.

Sollten aber spätere Nachuntersuchungen die Möglichkeit der Übertragung der Weilschen Krankheit auf Affen bestätigen, so würde nicht nur für diese, sondern wahrscheinlich auch für eine Reihe nahestehender bzw. ätiologisch identischer Krankheiten die Grundlage zu einem rationellen ätiologischen Studium gegeben sein, wie diese beim Pappatacifieber bereits schon durch Versuche am Menschen selbst vorgenommen sind.

c) Epidemiologische Ermittelungen.

Neben den bakteriologischen Untersuchungen in Hannover wurden nun von vornherein auch an Ort und Stelle (epidemiologische) Nachforschungen und Ermittelungen über die Ursache der Epidemie angestellt. Dabei wurden naturgemäß alle Faktoren berück-

sichtigt, welche für das Zustandekommen der Erkrankungen von ätiologischer Bedeutung gewesen sein konnten.

In Hildesheim wurde die Weilsche Krankheit unter dem Militär
seit einer Reihe von Jahren teils sporadisch, teils epidemisch beobachtet. Unter dieser Diagnose gingen dem Garnisonlazarett in früheren
Jahren zu:

1895	. .	4 Kranke,	1903	. . .	2 Kranke
1897	. .	25 „	1904	. . .	2 „ und
1898	. .	2 „	1908	. . .	1 Kranker.

Aber bereits im Jahre 1872 sind nach Mitteilungen des Chef-
arztes (Oberstabsarzt Dr. Hobein) im Hildesheimer Garnisonlazarett
Fälle von Ikterus zur Behandlung gekommen, die nach dem Krankheitsbilde sicher als Morbus Weilii anzusprechen sind.

Irgend ein Moment, das für eine gemeinsame Infektionsquelle in
der Kaserne gesprochen hätte, hat sich niemals ermitteln lassen.

Dagegen wies bei der letzten Epidemie ebenso wie bei den
früheren Epidemien alles darauf hin, daß die Infektion beim Baden
erfolgt war.

In erster Linie sprach hierfür der Umstand, daß die Erkrankten
ausnahmslos bis kurz vor ihrer Krankmeldung in der Innerste geschwommen hatten, und zwar teils als Schwimmschüler, teils als Freischwimmer. Auffallend war dabei, daß weder in der einige 100 m
unterhalb der Militärbadeanstalt an der Innerste gelegenen Zivilbadeanstalt, noch unter den Mitgliedern eines Vereins, der in der Militärbadeanstalt selbst — allerdings meist erst gegen Abend — regelmäßig
badete, Erkrankungen an Gelbsucht bekannt geworden waren.

Immerhin mußte auch bei der letzten Epidemie die Möglichkeit
einer Infektion durch verunreinigtes Badewasser ins Auge gefaßt
werden.

Die örtliche Besichtigung der Schwimmanstalt ergab denn
auch in der Tat, daß mit einer Verunreinigung des Flußwassers durch
einen 150 m oberhalb einmündenden Graben zu rechnen war. Dieser
Graben erhielt nämlich von zwei Talsenken Zuflüsse, die sehr be-
denklich erscheinen mußten. In die eine flossen zum Teil die Abwässer einer Arbeiterkolonie, die allerdings zuvor eine Kläranlage
passiert hatten; in dem tributären Gebiet der anderen fand sich
an einem etwa 500 m entfernt gelegenen ansteigenden Ackergelände
eine Hundeabdeckerei, deren Besitzer die Kadaver in dem von dem
Graben durchströmten Grundstück zu verscharren pflegte (siehe
Skizze).

Auf die erstgenannten Abwässer allein die Infektion zurückzu-
führen, erschien indessen schon deshalb nicht recht angängig, weil
bereits jahrelang vor Entstehung der Arbeiterkolonie die Weilsche
Krankheit epidemisch unter der Militärbevölkerung in Hildesheim
aufgetreten war. Die Infektion der diesjährigen Epidemie aber in
einer anderweitigen Verunreinigung der Innerste zu suchen, schien uns
wegen der berichteten Tatsache, daß unter den badenden Zivilpersonen keine Fälle von Gelbsucht beobachtet waren, kaum zulässig
und mindestens sehr gezwungen. Wäre die Verunreinigung, welche
die Innerste durch Aufnahme verschiedener Zuflüsse von industriellen

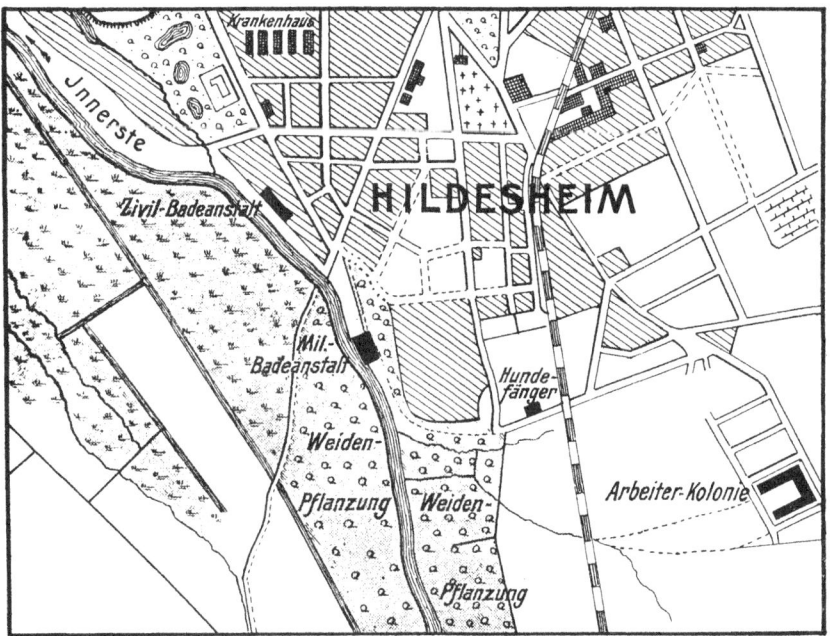

und landwirtschaftlichen Betrieben erfuhr, die Ursache der Erkrankungen gewesen, dann war es kaum verständlich, weshalb das Baden
in der nur wenige 100 m stromabwärts gelegenen Zivilbadeanstalt
ungefährlicher sein sollte.

Diese Erwägungen veranlaßten uns, noch nach etwaigen prinzi-
piellen Verschiedenheiten zwischen beiden Badeanstalten zu suchen.

In dieser Hinsicht konnte erstens der Umstand von Bedeutung
sein, daß neben der durch Laubgebüsche verdeckten Militärbadeanstalt ein vielbegangener Promenadenweg vorbeiführte, dann aber
vor allem der weitere Umstand, daß sich in ihrer unmittelbaren Nähe
außer dem Laubholz Weidenpflanzungen vorfanden, die dschungelartig

von zahlreichen kleinen Gräben durchzogen waren, während die Zivil-badeanstalt völlig frei lag. Erfahrungsgemäß werden gerade derartige dicht bepflanzte sumpfige Niederungen von man-cherlei Insekten mit Vorliebe gesucht, da sie hier reichlich Gelegenheit zu Brutplätzen finden. In der Tat fanden sich bei der örtlichen Besichtigung in der Nähe der Badeanstalt nicht nur Fliegen, sondern auch Stechfliegen und Mücken. Eine genaue Fest-stellung der einzelnen Gattungen und Spezies konnte aus äußeren Gründen in diesem Jahre nicht vorgenommen werden.

d) Zusammenfassung der Ergebnisse.

Die bei der Hildesheimer Epidemie im Sommer 1910 gesam-melten Beobachtungen lassen sich in folgenden Sätzen kurz zusammen-fassen:

Gehäufte Erkrankung einer Anzahl Soldaten, von denen — wie wir hier noch hinzufügen wollen — keiner aus Hildesheim selbst ge-bürtig war, unter dem Bilde der Weilschen Krankheit. Die Zugänge betreffen nur Schwimmer, und zwar erfolgen die Erkrankungen aus-schließlich im Juli und Anfang August; sie hören auf, nachdem einige Tage zuvor die Schwimmanstalt geschlossen ist. Gemeinsame Sym-ptome: Plötzlicher Krankheitsbeginn mit Durchfall und Fieber, Muskel-schmerzen, allgemeiner Hinfälligkeit und Albuminurie. Nur in einem Teile der Fälle — auf der Höhe der Epidemie — Entwicklung des völli-gen Weilschen Symptomenkomplexes. Bei der Mehrzahl der Kranken fehlt dieses oder jenes Symptom. Die Schwere der Erkrankung läßt am Ende der Epidemie — nachdem der Schwimmunterricht aufgehört hat — schrittweise nach. Die Rekonvaleszenz ist bei allen eine protrahierte.

Bestimmte Krankheitserreger, speziell Proteusarten, konnten nicht gefunden werden. Kultur- und Tierversuche verliefen bis auf einen Affenversuch negativ. Es ist nicht unwahrscheinlich, daß in letzterem die Übertragung der Weilschen Krankheit gelungen ist.

Sichere Anhaltspunkte für die Art der Infektion fehlen. Der Umstand, daß ausschließlich Soldaten, die am Schwimmen teilge-nommen hatten, erkrankten, und daß die Epidemie nach dem Bade-verbot erlosch, läßt mit Sicherheit darauf schließen, daß die Infektion beim Baden erfolgte.

Eine Infektion durch das Wasser war nicht ganz auszuschließen, schien aber sehr unwahrscheinlich. Andererseits konnte sehr wohl auf andere Weise, z. B. durch Insekten, die Übertragung der

Krankheit erfolgt sein, da in der Nähe der Badeanstalt sumpfige
Weidenpflanzungen lagen, in denen sich Insekten zahlreich aufhielten.

Besonders zur Stütze dieses bis dahin noch nicht begründet ausgesprochenen ätiologischen Moments haben wir
uns der Mühe unterzogen, die gesamte Literatur über die
Weilsche Krankheit zu prüfen, um Beweismaterial für unsere
Hypothese zu sammeln, die wir leider experimentell nicht zur Ge-
wißheit erheben konnten, da eben inzwischen die Epidemie er-
loschen war.

Indem wir das von uns gesammelte Material den Fachgenossen
unterbreiten, hoffen wir ihnen für künftige Fälle eine Grundlage zu
geben, auf der die experimentelle Forschung weiter bauen kann.

V. Frühere Epidemien.

a) Epidemischer Ikterus und Weilsche Krankheit im allgemeinen.

Wie verhalten sich die von uns bei der Hildesheimer
Epidemie gesammelten Beobachtungen zu den bei früheren
Epidemien gemachten Erfahrungen?

Um diese Frage beantworten zu können, wollen wir zunächst
eine kurze Schilderung der bei früheren Epidemien von Weilscher
Krankheit gefundenen epidemiologischen Tatsachen geben, und zwar
müssen wir dabei auf die „Ikterusepidemien" im allgemeinen zu-
rückgreifen, da in früheren Zeiten die Weilsche Krankheit nicht besonders abgegrenzt, sondern meist nur als besonders schwere Form
von Ikterus betrachtet wurde.

Verschiedene Autoren haben sich der dankenswerten Aufgabe
unterzogen, alle ihnen bekannt gewordenen Ikterusepidemien zusammen-
zustellen.

So konnte der damalige Assistenzarzt I. Klasse Dr. Fröhlich,
der wohl als erster den epidemischen Ikterus mit Recht zu den „Armee-
krankheiten" rechnet, Angaben über etwa 30 Epidemien sammeln
und 4 neue Militärepidemien hinzufügen. Als Entstehungsursache
wird von ihm einerseits ein durch die verschiedenen Ursachen (Erkältung und unzweckmäßige Speisen) hervorgerufener Gastroduodenal-
katarrh, andererseits die Infektion durch lokalmiasmatische Einflüsse
angegeben. Uns interessiert unter seinen Angaben besonders die eine,
daß bei einer Epidemie in den fünfziger Jahren in Rastatt sämtliche
30 von Gelbsucht befallenen Leute Schwimmer waren, die unmittelbar
nach dem Mittagessen zum Schwimmen geführt wurden. „Die

Epidemie verschwand, nachdem diese Maßregel aufgehoben wurde und die Leute erst in den Abendstunden Schwimmunterricht erhielten."

Oberstabsarzt Dr. Hobein-Hildesheim, der sich in den 70er Jahren anläßlich seiner obermilitärärztlichen Prüfungsarbeit mit dem epidemischen Ikterus in der Armee beschäftigt hat, konnte in der Literatur und durch persönliches Nachfragen 58 größere und kleinere, allein beim Militär in den verschiedenen Garnisonen beobachtete Gelbsuchtepidemien nachweisen. 39 fielen in die ersten Monate des Jahres bzw. den Frühling, 9 kamen im Juli und August und 2 (bei dem gleichen Regiment in 2 aufeinanderfolgenden Jahren) im Herbst vor. Der Umstand, 1. daß gerade bei diesem Regiment die Revakzination im Gegensatz zu dem üblichen Impfungstermin erst im Frühjahr statt im Herbst erfolgt war und 2. daß bei den Frühjahrepidemien ausschließlich Rekruten befallen waren, veranlaßte Hobein, hier einen Zusammenhang zwischen Gelbsucht und Revakzination anzunehmen, wie dies auch schon vorher von anderer Seite geschehen war.

Die 9 Sommerepidemien, welche Hobein zusammengestellt hat und bei denen fast regelmäßig „Schwimmer" erkrankten, sind folgende:

1. Magdeburg Sommer 1874 . . 26 Erkrankungen
2. Wetzlar „ 1874 . . 14 „
3. Magdeburg „ 1875 . . 25 „
4. „ „ 1876 . . 6 „
5. „ „ 1879 . . 18 „
6. „ „ 1880 . . ? „
7. Schweidnitz „ 1880 . . 6 „
8. „ „ 1881 . . 5 „
9. Magdeburg „ 1881 . . 8 „

Wir werden der Mehrzahl der Epidemien später wieder begegnen.

Spezieller mit dem „infektiösen" Ikterus, zu dem er auch die Weilschen Fälle rechnet, hat sich Wassilieff beschäftigt. Er sammelte 36 Fälle dieser Krankheitsform und gab selbst die Krankengeschichte von 17 Erkrankten, so daß er an der Hand von 53 Fällen, die sich — wie die nachfolgende Kurve zeigt — hauptsächlich in den Monaten Juni bis August ereigneten, seine Betrachtungen anstellen konnte. Unter seinen Ausführungen ist für uns von besonderem Interesse, daß er dem „infektiösen Ikterus" die größte Ähnlichkeit mit dem in Ägypten und Smyrna endemischen Typhus biliosus zuspricht, dessen Nichtkontagiosität bereits Kartulis und Diamantopulos beobachtet hatten, und der unserer Ansicht nach seinerseits in vieler Hinsicht wieder dem echten „Gelbfieber" nahe steht.

Später hat Hennig eine Geschichte des „epidemischen Ikterus"
anfangs der 90er Jahre in „Volkmanns Sammlung klinischer Vorträge" veröffentlicht. Er fand in der Literatur Angaben über 86 Ik-

Verteilung der einzelnen Krankheitsfälle von „infektiösem Ikterus" auf die
verschiedenen Monate nach Wassilieffs Zusammenstellung.

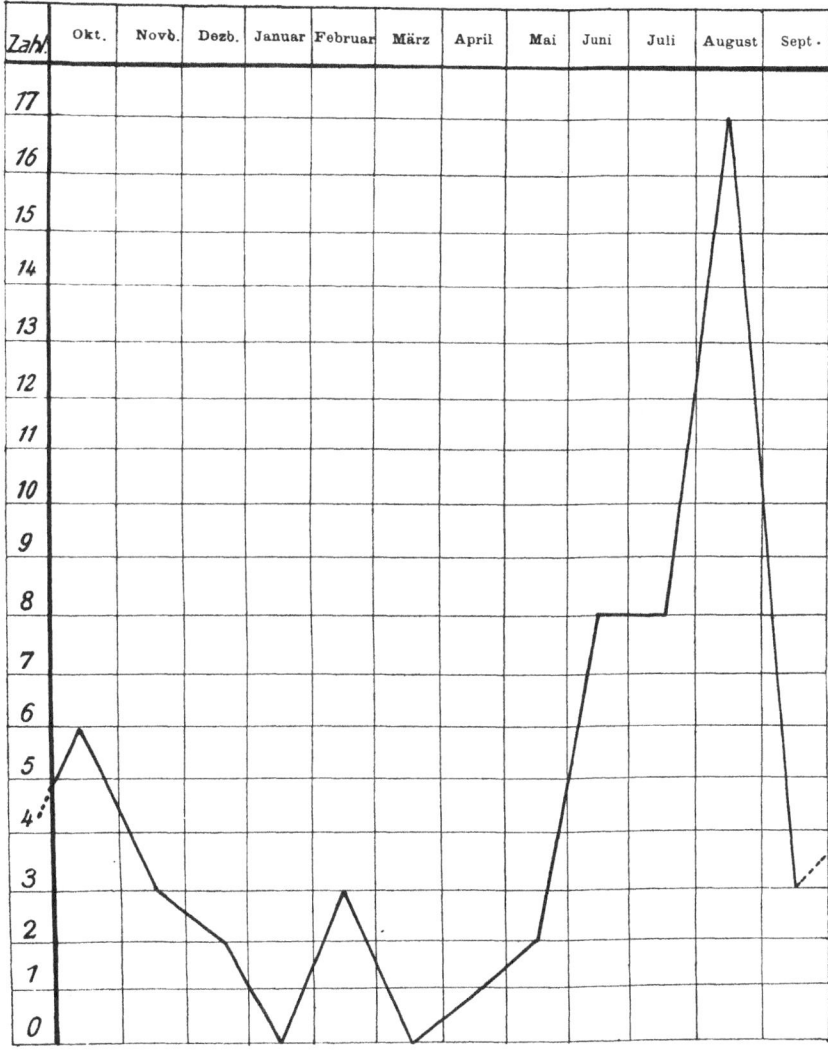

terusepidemien, von denen 80 auf Europa entfallen. Die 80 euro-
päischen Epidemien ereigneten sich in den Jahren von 1699—1889,
und zwar traten von ihnen bestimmt 26 nur beim Militär auf, 6 ge-

meinschaftlich unter der Zivil- und Militärbevölkerung, die übrigen ausschließlich in der Zivilbevölkerung, darunter 3 allein oder zum größten Teil unter Kindern. Daneben wurden mehrfach Lokalepidemien in Instituten, Gefängnissen und „Hausepidemien" beobachtet.

Im allgemeinen ist der Verlauf der Ikterusepidemien ein gutartiger gewesen, nur 7 Epidemien, darunter mehrere in der französischen Armee, verliefen schwer.

Bemerkenswert ist übrigens die von verschiedenen Autoren berichtete Tatsache, daß die Erkrankungen bei Schwangeren und Wöchnerinnen besonders heftig verliefen und meist zur vorzeitigen Unterbrechung der Schwangerschaft führten (Urämie).

Großes Interesse verdient ferner die unter dem Personal eines in Bremen gelegenen Instituts für Schiffsbau in den Jahren 1883/84 ausgebrochene Ikterusepidemie, welche auf die einige Monate vorhergegangene Revakzination der Arbeiter mit Sicherheit zurückgeführt werden konnte und von Lührmann ausführlich beschrieben ist.

Auch bei der in der Provinzialirrenanstalt Merzig von Jehn beobachteten Epidemie war ein ätiologischer Zusammenhang zwischen Impfung und Ikterus trotz der abnorm langen Inkubationsdauer, welche sich auf 1 bis $2^1/_2$ Monate erstreckte, kaum zweifelhaft. Die Krankheit war durch Fieber, Leberschwellung, Nierenentzündung und Neigung zu Rezidiven charakterisiert, also durch die gleichen Erscheinungen, die wir als Hauptsymptome der Weilschen Krankheit kennen. Auch bei dieser Epidemie trat, trotz der schweren Krankheitserscheinungen, stets völlige Heilung ein, analog der im allgemeinen günstigen Prognose des Morbus Weilii.

Nach der Jahreszeit ihres Auftretens konnte Hennig eine absolute Häufigkeit der Epidemien in den Herbst- und Wintermonaten feststellen, und zwar läßt sich aus seiner Kurve entnehmen, daß sich ereigneten:

16 Epidemien im Januar,	11 Epidemien im Juli,
21 „ „ Februar,	15 „ „ August,
20 „ „ März,	13 „ „ September,
15 „ „ April,	19 „ „ Oktober,
12 „ „ Mai,	22 „ „ November,
7 „ „ Juni,	18 „ „ Dezember.

Zu den militärärztlich besonders interessanten Ikterusepidemien gehört zweifellos die gewaltige Epidemie, welche im amerikanischen Sezessionskriege die Regierungstruppen befiel. Nach Hennig erkrankten von der Armee in der atlantischen Region von 1 087 041 Mann

21963, von der Armee in der zentralen Region von 1101758 Mann 20497 und von der Armee in der pazifischen Region von 29160 Mann 109, also insgesamt von 2217959 Mann 42569 Mann.

Im ersten Kriegsjahre ereigneten sich nach Fröhlich 10929 Erkrankungen mit 40 Todesfällen an epidemischer Gelbsucht.

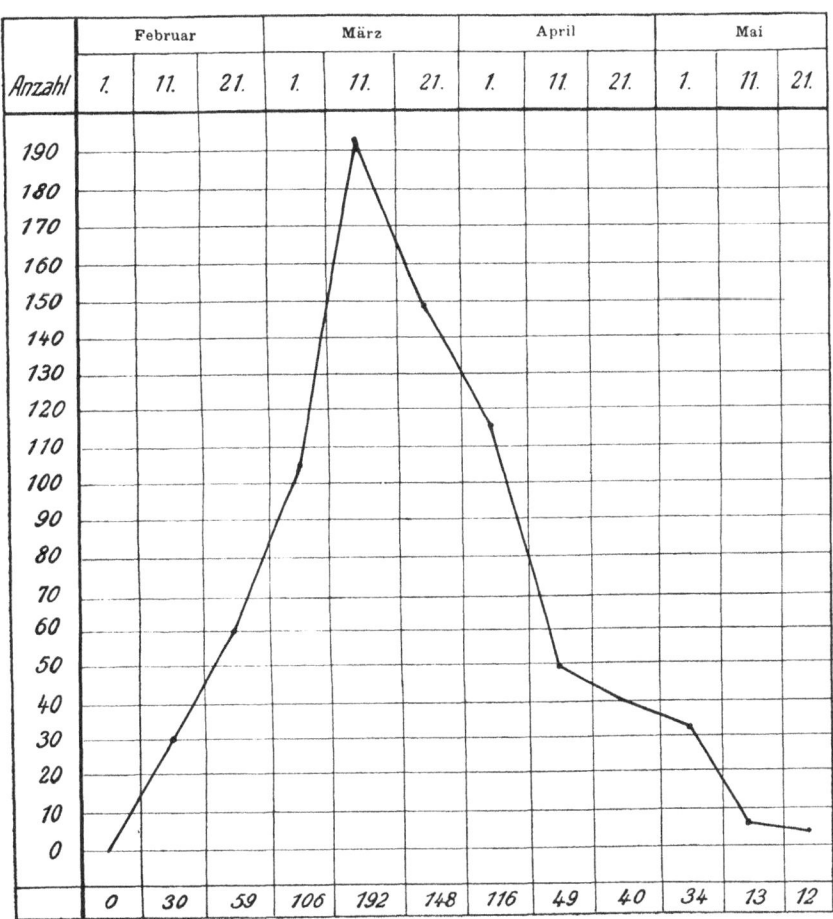

Eine ähnliche, wenn auch verhältnismäßig weniger umfangreiche Epidemie wurde im Feldzuge 1870/71 bei dem I. Bayrischen Armeekorps beobachtet. Nach Seggel traten bei diesem Korps in der Zeit von Februar bis Mai im ganzen 799 Ikterusfälle (= 2,39% der Effektivstärke) auf. Nach 10 tägigen Perioden geordnet nahm die Epidemie zeitlich folgenden Verlauf: Beginn im Februar, größte Ausbreitung im März, Abfall im April, Ende im Mai (s. vorstehende Kurve).

Wir übergehen hier die für die Ätiologie des Ikterus geltend gemachten einzelnen Momente, soweit sie in atmosphärischen, tellurischen
und klimatischen Verhältnissen oder diätetischen Einflüssen gesucht
werden, und möchten nur kurz auf die Angaben zurückkommen, nach
welchen spezifisch miasmatische Ursachen für die Ikterusepidemien
angenommen sind.

Meistenteils wird dabei die eigentliche Infektionsquelle in der
Anhäufung von Fäulnisstoffen gesucht, für deren Entstehung die An-
sammlung von ungenügend verscharrten Kadavern (z. B. in den Feld-
zügen der Amerikaner) oder von stagnierenden Flüssigkeiten (z. B.
in den Wallgräben) verantwortlich gemacht sind. Wie wir es früher
bei Malaria zu lesen gewohnt waren, so wird auch hier, z. B. bei den
Epidemien in Civita Vechia 1859, in Arras 1865/66, in Neu-
breisach 1876, die Krankheitsursache auf Erdarbeiten, Ausdünstungen
von Wallgräben und Ähnliches zurückgeführt.

Bemerkenswert ist, daß dort, wo speziell in dem stagnierenden
Wasser von Wallgräben die Entstehungsursache angenommen wurde,
die Erkrankungen meist in der „den Gräben zunächst gelegenen"
Kaserne erfolgt sind.

Die gleichen ätiologischen Momente, die für den „Icterus epidemicus" im allgemeinen vorgebracht sind, werden nun auch für die
„Weilsche Krankheit" im speziellen als Krankheitsursache aufgeführt. Landouzy und Mathieu sahen diese in dem Arbeiten mit
faulenden Stoffen in den Abfallgruben von Paris, wie denn auch im
Falle Stirls sich die Erkrankung unmittelbar an einen Sturz in eine
Jauchegrube angeschlossen hat. Hueber nennt anfangs das Einatmen
der schlechten Luft in den Kasernenstuben, später (wie andere Autoren)
verunreinigtes Badewasser als Infektionsquelle, während wieder andere
den Genuß von schlechtem Trinkwasser für die Ansteckung verantwortlich machen.

Ohne den engeren Zusammenhang mit „katarrhalischer Gelbsucht" und
„Weilscher Krankheit" an dieser Stelle eingehender analysieren zu wollen, sei hier
nur folgende für diese Frage sehr interessante Beobachtung wiedergegeben, die
seinerzeit der württembergische Oberstabsarzt Dr. v. Fetzer — nach Jaeger —
gemacht hat. Er beobachtete im August und September bei dem Württ. Ulanen-
Regiment Nr. 19 4 Fälle einer Erkrankung, die er als „biliöses Typhoid" (Grie-
singer) auffaßte, die wir heute aber sicher als sog. Weilsche Krankheit bezeichnen
würden. Das Bemerkenswerte ist dabei gewesen, daß diesen Erkrankungen eine
Epidemie von katarrhalischem Ikterus in den Monaten Februar bis Juni desselben
Jahres voraufgegangen war, und daß in den Zimmern, in denen die 4 schweren
Erkrankungen erfolgten, im Frühjahr Gelbsuchtfälle vorgekommen waren (vgl. auch
Epidemien in Schweidnitz S. 41).

Wir wollen hier nicht alle die Tatsachen wiederholen, die zweifellos für ein lokales Miasma als Ursache der Weilschen Krankheit sprechen (vergl. Werther), sondern nur auf zwei andere fast regelmäßige Beobachtungen nochmals hinweisen, die schon frühzeitig bei der Weilschen Krankheit gemacht sind und immer wieder besonders in die Augen springen:

1. das verhältnismäßig zahlreiche Befallenwerden der Fleischer unter den Zivilpersonen und
2. die fast ausschließliche Erkrankung von solchen Soldaten, die am Schwimmunterricht teilgenommen hatten, daneben solcher, die sonst mit Arbeiten im oder am Wasser beschäftigt gewesen waren (Pioniere) oder nur gebadet hatten.

Allerdings ist auch in einzelnen Fällen besonders hervorgehoben, daß die Infektion sicher nicht auf das Baden zurückgeführt werden könne.

Der enge Zusammenhang beider Beobachtungen, die an und für sich kaum miteinander in Beziehung gebracht werden können, erklärt sich zwanglos an der Hand unserer später ausführlich begründeten Hypothese über die Ätiologie des Morbus Weilii (siehe S. 80 ff.).

b) Die Weilsche Krankheit in der Königlich Preußischen Armee usw. (nach den Sanitätsberichten).

Wir kommen damit zu einer näheren Betrachtung der Beziehungen zwischen Weilscher Krankheit und Armee (vergl. hierzu auch Düms: Handbuch der Militärkrankheiten).

In den statistischen Sanitätsberichten der Preußischen Armee finden sich seit den 70er Jahren regelmäßig Angaben über Zugänge an Gelbsucht, die oft in sehr großer Anzahl verzeichnet sind. Die Erkrankungen fallen entweder — wie dies auch in der schon erwähnten Arbeit von Hobein betont wird — in die Monate Februar, März und April, wobei dann vorwiegend Rekruten befallen sind, oder aber in die heiße Jahreszeit (Juni-August). In letzterem Falle sind regelmäßig auch die älteren Jahrgänge beteiligt.

Ein weiterer Unterschied tritt uns bei der Analyse der beiden Epidemiearten in der Tatsache entgegen, daß die Frühjahrsepidemien meist einen leichten, die Sommerepidemien in der Regel einen schweren Verlauf nehmen.

Wären die Frühlingsepidemien auf die Revakzination zu beziehen, so müßte monatelang vorher bei der Impfung von Arm zu Arm oder durch die „Glyzerinlymphe" der Erreger übertragen sein. Dies scheint hinsichtlich der Zeit an und für sich nach den Erfahrungen mit dem („invisiblen") Tollwuterreger nicht besonders merkwürdig (Hobein). Andererseits ist auch die Syphilis bekanntlich durch humane Lymphe übertragen worden. Nach den neueren bei der Syphilisforschung beobachteten Tatsachen könnte das Auftreten des Ikteruserregers in der Lymphe sehr wohl möglich sein; konnte doch jüngst Langer die Spirochaeta pallida in den Vakzinepusteln bei kongenital-syphilitischen Kindern mikroskopisch nachweisen.

Eine Unterscheidung zwischen einfachem katarrhalischen und infektiösem Ikterus findet sich zuerst in dem Bericht über die Jahre 1874/78.

Hohes Interesse beansprucht in diesem Bericht die Beschreibung, welche Stabsarzt Torges von den in Magdeburg beobachteten Erkrankungen gibt, die danach unschwer als typische Fälle Weilscher Krankheit zu erkennen sind und, wie hier besonders betont werden mag, schon damals mit dem Baden in der Elbe in Zusammenhang gebracht werden konnten. Befremdend blieb nur die Tatsache, daß auch in diesem wie in dem vorhergegangenen Sommerhalbjahr 1874 bei Zivilschwimmern und bei Alumnen des Klostergymnasiums, welche gleichfalls die fragliche Schwimmanstalt benutzten, ikterische Erscheinungen nicht bemerkt worden waren. Man suchte eine Erklärung hierfür in der schonenderen Art des Unterrichts und in dem Umstand, daß infolgedessen geringere Mengen Wassers verschluckt worden seien. Waren doch auch die Schwimmlehrer nur in sehr geringer Anzahl ergriffen worden.

Von den uns auf unsere Anfragen aus dem Magdeburger Garnisonlazarett zugegangenen Mitteilungen verdienen die folgenden Angaben Beachtung:

„Bereits im Jahre 1874 sind nach der Garnisonbeschreibung von Magdeburg unter der dortigen Militärbevölkerung eigenartige Fälle von Ikterus beobachtet worden, die dadurch ausgezeichnet waren, daß sie bei den Schwimmern schwerer verliefen als bei den Nichtschwimmern. Auch im Jahre 1876 erkrankten wiederum 6 Schwimmschüler unter den gleichen Krankheitserscheinungen, obgleich man inzwischen eine Verlegung der Militärschwimmanstalt, aber auf demselben (linken) Elbufer bleibend, vorgenommen hatte. Desgleichen kamen im März und Mai 1879 eine Reihe von Gelbsuchterkrankungen unter den Pionieren vor, deren Wasserübungsplatz sich in der Nähe der Schwimmanstalt befand, und in den Monaten Juni bis August desselben Jahres folgten weitere Erkrankungen unter den badenden Mannschaften der Garnison, wozu ebenfalls ausdrücklich bemerkt wird, daß die Gelbsucht bei den Nichtschwimmern leichter verlaufen sei als bei den Schwimmern. Neue Erkrankungen gingen im Sommer 1881 zu".

Erst seitdem die Schwimmanstalt im Jahre 1885 auf das rechte Ufer der Stromelbe verlegt wurde, scheinen weiter keine Epidemien von Ikterus oder Morbus Weilii beobachtet zu sein. Wie uns aus

Magdeburg weiter berichtet wurde, finden sich auf dem verlassenen linken Elbufer überall Gebüsche und Weidenpflanzungen vor.

Besondere Erwähnung aus der vor der Weilschen Veröffentlichung liegenden Periode verdienen auch die Gelbsuchtepidemien in Schweidnitz. Hier wurden im Jahre 1880 in den Monaten Juli und August 7 Ikterusfälle beobachtet, bei denen es sich zweifellos um Weilsche Krankheit gehandelt hat.

Auch im Jahre 1881 gingen im Juli und August 4 schwere als „gastrisches Fieber mit Gelbsucht" bezeichnete Fälle zu, die klinisch den echten Weilschen Symptomenkomplex darboten. Zweimal ist bemerkt, daß es sich um Schwimmschüler handelt.

1882, 1883 und 1884 wurden außer je einem Ikterusfalle im Herbst und im Frühjahr sommerliche Ikteruserkrankungen vereinzelt beobachtet, und zwar 4 im erstgenannten Jahre und je eine in den beiden anderen Jahren.

In den Berichten der nächsten Jahre findet sich hierüber nichts besonders Erwähnenswertes.

Während bis dahin immer nur von Ikterusepidemien die Rede war, erfährt die Weilsche Krankheit in dem Sanitätsbericht 1888/89, nachdem gerade von militärärztlicher Seite wichtige Beiträge für die Klinik dieser kurz vorher von Weil eingehend geschilderten Krankheit erschienen waren (Hueber, Schaper, Kirchner, Ad. Pfuhl), eine gesonderte Besprechung. Wir lassen die bemerkenswerten Angaben, welche sich in den einzelnen Berichten finden, hier kurz folgen.

Nach dem Sanitätsbericht von 1888/89 kam die Weilsche Krankheit gehäuft (5 Fälle) in Heidelberg vor. Als Entstehungsursache wurde hier bei 3 schwer verlaufenen Fällen Baden und Schwimmen angesehen. Auch in Pillau wurde eine Erkrankung auf Baden zurückgeführt.

Bezüglich der Ätiologie findet sich bei Besprechung einer gleichen Erkrankung in Neiße, bei der Eiweiß und Gallenfarbstoff im Urin beobachtet wurde, im Bericht folgender bemerkenswerter Zusatz:

„Der Berichterstatter (Oberstabsarzt Dr. Pieper) fügt hinzu, daß vor etwa 40 Jahren, als die Festungsgräben der Stadt noch voll Wasser mit wechselnder Höhe standen und die hygienischen Verhältnisse ungünstiger waren als jetzt, nach Aussage alter Ärzte derartige Krankheitsfälle häufiger vorkamen und als „Gelbfieber" bezeichnet sein sollen".

In dem Sanitätsbericht 1889/90 ist zum ersten Male nicht mehr von „Gelbsucht-Epidemien" die Rede, dagegen sind 31 unter dem

Bilde und unter dem Namen der Weilschen Krankheit verlaufene Erkrankungen erwähnt, welche sämtlich im Sommer in „an Flüssen gelegenen" Garnisonen beobachtet wurden.

Wir heben die Tatsache, daß seit dem Ende der 80er Jahre die Frühjahrsepidemien an katarrhalischer Gelbsucht aus den Berichten verschwunden sind, unter Hinweis auf die Arbeit des Oberstabsarztes Dr. Hobein (s. S. 34 u. 39) deshalb hervor, weil von der Mitte der 80er Jahre ab in der Armee die Verwendung der animalen Lymphe zum Teil und von 1887 ab vollständig durchgeführt wurde (siehe Sanitäts-Berichte 1884/88 und Düms).

Der Bericht 1889/90 liefert zugleich eine ausführliche klinische Beschreibung der Weilschen Krankheit.

In den folgenden Berichten sind regelmäßig Erkrankungen als „Weilsche Krankheit" bezeichnet und erwähnt. So sind in den Jahren 1890—1892 18 Fälle von Gelbsucht, welche unter hohem Fieber verliefen, der Weilschen Krankheit zugerechnet. Die Entstehung der Krankheit wurde 1 mal auf das Trinken von unreinem Pleißewasser, 4 mal auf Baden in der Donau bzw. Saale, 1 mal auf den Genuß verdorbener Wurst zurückgeführt.

Der Bericht über die Jahre 1892—1894 erwähnt, daß im Juli und August 1892 in Metz, Ulm, Einbeck und Saargemünd je 1 Fall und in den gleichen Monaten des Jahres 1893 3 Fälle in Erfurt und je 1 in Karlsruhe und Sonderburg beobachtet wurden. In mehreren Garnisonen, z. B. in Metz, Ulm und Einbeck, war die Weilsche Krankheit schon in den Vorjahren beobachtet worden. Diese Erscheinung, daß immer dieselben Garnisonen befallen sind, ist eine regelmäßig wiederkehrende.

In dem Bericht über die Jahre 1894—1896 ist wieder noch einmal von einem „epidemischen" Auftreten der „Gelbsucht" die Rede. Auch als „Weilsche Krankheit" bezeichnete Erkrankungen sind in dieser Berichtszeit verschiedentlich beobachtet, z. B. in Posen, wo es zu einer kleinen Epidemie kam, die auf das bei einer Übung in Tonnen mitgeführte Trinkwasser bezogen wurde. Im übrigen sind als Ursache der Erkrankungen reichliches Verschlucken von Wasser beim Baden und Schwimmen, sowie der Genuß verdorbener Wurst angegeben.

Unter den Erkrankungen dieser Jahrgänge befinden sich die bereits erwähnten, von Jaeger in Ulm beobachteten Fälle, bei denen er aus Milz-, Leber-, Lungen- und Herzblut den von ihm als Erreger des infektiösen Ikterus bezeichneten, früher erwähnten Bazillus nachgewiesen hat.

Im Berichtsjahr 1896/97 verliefen unter dem Bilde der Weilschen Krankheit in Hagenau 10, in Straßburg i/E. 3, in Rastatt, 2 Erkrankungen, sowie 1 Fall in Posen. Nach den in Hagenau gesammelten Erfahrungen soll die Entwickelungsdauer der Krankheit mindestens 2—3 Tage dauern.

Auch in den Jahren 1897/98 wurde die in Frage stehende Krankheit in verschiedenen Garnisonen beobachtet. Betreffs der damaligen Erkrankungen in Hildesheim, woselbst schon im Jahre vorher eine kleine Epidemie vorgekommen war, wird hervorgehoben, daß in beiden Jahren die Zivilbevölkerung frei blieb, obwohl dicht unterhalb des Militärbadeplatzes eine sehr viel benutzte Badeanstalt läge.

In Hagenau erkrankten 17 Mannschaften verschiedener Truppenteile teils in der Stadt selbst, teils auf dem Truppenübungsplatze bei Hagenau. Möglicherweise soll unabsichtlich verschlucktes Wasser der Moder die Veranlassung zu den Erkrankungen gegeben haben, da alle Erkrankten in diesem Flusse gebadet hatten. Zur Entwickelung soll nach den dortigen Beobachtungen nur eine kurze Zeit (1 Tag) erforderlich gewesen sein. (Nähere Angaben über die beiden letztgenannten Epidemien siehe im nächsten Abschnitt. Dort sind auch mehrere der noch folgenden Epidemien genauer beschrieben).

In dem Bericht von 1898/99 sind mehrere Fälle von Weilscher Krankheit aufgeführt. Epidemisches Auftreten ist beobachtet in Braunschweig (24), Neiße (38), Straßburg i/E. (5). In Neiße hatten sämtliche Erkrankte in der durch zweimaliges Hochwasser angestiegenen und verunreinigten Neiße gebadet. Aus dem Wasser konnte das Bacterium proteus gezüchtet werden. Nachdem das Baden in der Neiße verboten war, kamen neue Erkrankungen nicht mehr vor. Das letzte Bad war 1—5 Tage vor der Erkrankung, in einem Falle aber 14 Tage vorher genommen. In Braunschweig mußte als Ursache das Baden in der durch Regengüsse zeitweilig stark verunreinigten Oker angesehen werden. Auch hier hörten ebenso wie in Neiße die Erkrankungen nach dem Verbot des Badens auf.

1899/1900 wurde die Weilsche Krankheit vereinzelt in verschiedenen Garnisonen und in größerer Zahl wieder in Neiße (16) und in Braunschweig (10) beobachtet. Die Ansteckung wurde gleichfalls auf Wasserschlucken beim Schwimmen und Baden in der Neiße bzw. Oker zurückgeführt. In Neiße wurde wiederum das Bacterium proteus nachgewiesen, in Braunschweig in einem Falle die Inkubationszeit auf mindestens 8 Tage festgestellt. In

Zerbst konnte die Entstehung der Krankheit durch Baden bestimmt ausgeschlossen werden und wurde auf eine starke Erkältung zurückgeführt.

Im Berichtjahre 1900/01 ist akute fieberhafte Gelbsucht nir-
gends epidemisch, dagegen vereinzelt in verschiedenen Garnisonen,
u. a. auch wieder in Neiße, aufgetreten. Gehäufte Fälle kamen in
Ulm (4), in Straßburg (6) zur Behandlung. Die Ansteckung wurde
meist wieder auf die Berührung mit Wasser beim Schwimmen,
Baden oder Pionierarbeiten zurückgeführt. Bei einem Reservisten,
der wenige Tage nach seiner Einziehung erkrankte, konnte eine derartige Beziehung nicht nachgewiesen werden. Da der Erkrankte
Metzger war, wurde bei diesem an die Möglichkeit einer Infektion
durch Fleisch gedacht.

Im Bericht über 1901/02 sind nur 4 Fälle Weilscher Krankheit erwähnt; bei keinem wurde eine bestimmte Ursache gefunden. Die
Erkrankten gingen zu in Braunschweig, Freiburg i. B. und Ulm.

Auch im nächsten Bericht 1902/03 sind nur 5 Fälle von
Weilscher Krankheit und zwar 1 in Straßburg und je 2 in
Hildesheim und Braunschweig beobachtet.

Aus dem Berichtsjahr 1903/04 ist sogar nur über eine Erkrankung an Weilscher Krankheit aus Zerbst berichtet, wo, wie
erwähnt, schon 1899/1900 1 Fall vorgekommen war.

In dem folgenden Bericht über 1904/05 ist fieberhafte Gelbsucht
10 mal genannt, darunter finden sich 3 Fälle in Neiße, wo 3 Pioniere
erkrankten, die bei einer Pionierübung in der durch häufigen
Gewitterregen mit Lehm und Sandmassen verschlammten
Neiße gearbeitet hatten. Proteus vulgaris konnte diesmal weder in
den Entleerungen der Kranken noch im Flußwasser beobachtet werden.

Während bis dahin über die beobachteten Fälle von „Weilscher
Krankheit" unter der Rubrik „andere allgemeine Erkrankungen"
berichtet ist, erscheinen sie in dem Sanitätsbericht 1905/06 zum
ersten Male als besondere Unterart der Infektionskrankheiten.
Die absolute Zahl der Zugänge betrug 21 = 0,04 %ₒₒ der Iststärke.
Auf 14 Fälle aus 7 Garnisonen ist näher eingegangen. Alle diese
Erkrankungen traten in der heißen Jahreszeit auf. 7 mal
wird als Ursache das Baden in Flüssen angegeben. 3 mal ist
über bakteriologische Untersuchungen von Blut und Urin auf
Krankheitserreger, vor allem auf Proteusarten berichtet. Alle
Untersuchungen hatten ein negatives Ergebnis. Kasuistisch
bemerkenswert ist, daß ein Mann in diesem Berichtsjahre infolge
unstillbarer Blutung der Krankheit erlag.

In dem Berichtsjahre 1906/07 betrug der absolute Zugang 19 Fälle. 4 Erkrankungen werden mit mehr oder weniger großer Bestimmtheit auf Baden in Flüssen zurückgeführt. 1 Mann erkrankte im Manövergelände nach Genuß von schlechtem, geräuchertem Hering. Oberstabsarzt Wagener-Dresden fand bei einer Blutuntersuchung keine Krankheitserreger.

Von den 21 Erkrankungen an „übertragbarer Gelbsucht", die im Sanitätsbericht 1907/08 erwähnt sind, ereigneten sich 15 in Bromberg[1]), 2 in Neiße, 2 in Minden und 1 in Zittau. Alle Zugänge erfolgten in den Monaten Juli und August. 6 Erkrankungen wurden auf Baden in Flüssen, 8 auf Erkältung zurückgeführt.

Proteusarten wurden bei keinem Kranken gefunden, bei 1 im Urin Typhus- und Paratyphusbazillen. Von den in Bromberg ausgeführten Blutserumversuchen sprachen 2 bei Verdünnung 1 : 50 und 1 bei 1 : 100 für Typhus, 1 bei 1 : 100 für Paratyphus und 1 bei 1 : 100 für Typhus und Paratyphus.

Eine Übersicht über die in den Jahren 1905/06 bis 1907/08 in der Armee beobachteten Zugänge an Weilscher Krankheit ist in der folgenden Tabelle und Kurve zahlenmäßig und graphisch gegeben:

Übersicht über die in den Jahren 1905/06 bis 1907/08 in der Armee (nach den Sanitätsberichten) zugegangenen Fälle von Weilscher Krankheit.

| Lfde. Nr. | Sanitäts-bericht (Jahrgang) | Bestand waren | Zugang | | Abgang | | | | Bestand bleiben | Behand-lungstage für jeden Kranken (durchschn.) |
			ab-solute Zahl	%o K.	dienst-fähig	ge-stor-ben	ander-weitig	Summe		
1	1. 10. bis 30. 9. 1905/06	3	21[2])	0,04	10	1	8	19	5	43,0
2	1906/07	5	19	0,04	13	—	6	19	5	37,1
3	1907/08	6	37	0,07	27	1	8	36	7	39,7

1) Vergleicht man die monatlichen Zugänge an Weilscher Krankheit in der Armee im ganzen mit denen in Bromberg im speziellen, so ergeben sich für die Monate Juni-September 1908 folgende Zahlen:

Juni   im ganzen 5 davon in Bromberg 3
Juli   „   „   12   „   „   „   4
August   „   „   14   „   „   „   9
September „   „   2   „   „   „   —

Es läßt sich hieraus schließen, daß zwar der Infektionskeim auch in anderen Standorten vorhanden war, aber nur in Bromberg zu einer epidemischen Verbreitung gelangte.

2) Außerdem 1 Kadett.

Die Weilsche Krankheit in der Armee nach den Sanitäts-Berichten
von 1905/06 bis 1907/08.

Zahl:	Okt.	Novb.	Dezb.	Januar	Februar	März	April	Mai	Juni	Juli	August	Sept.
14												
13												
12												
11												
10												
9												
8												
7												
6												
5												
4												
3												
2												
1												
0												

1905/06   1906/07   1907/08

Neben diesen amtlichen Berichten sind mehrfach noch Schilde-
rungen der beim Militär beobachteten Weilschen Erkrankungen in
Zeitschriften gegeben, von denen die Arbeiten von Hueber,
Schaper, Kirchner und Ad. Pfuhl bereits erwähnt wurden. Unter
den späteren Publikationen von Globig (Weilsche Krankheit?),
Alfermann, Jaeger, Knauth und Eltester hat besondere Bedeutung die schon mehrfach zitierte Arbeit Jaegers. Anfang der
neunziger Jahre hat dann noch der damalige Stabsarzt Dr. Schmidt
in eingehender Weise die Weilsche Krankheit und ihre Beziehungen
zur Armee in einer obermilitärärztlichen Prüfungsarbeit geschildert,
die der Bibliothek der Kaiser Wilhelms-Akademie einverleibt ist.

Ergänzend sei erwähnt, daß nach Knauth in der Bayerischen Armee in den Jahren 1888 bis 1905 außer den von ihm beschriebenen 6 Fällen 4 weitere Erkrankungen an Weilscher Krankheit beobachtet sind.

c) Eingehendere Angaben über die in den Jahren 1897—1910 in den Standorten Hagenau, Hildesheim, Neiße, Braunschweig und Bromberg beobachteten Epidemien von Weilscher Krankheit.

Durch weitere Anfragen bei einzelnen Garnisonlazaretten[1]) und sonstige Ermittelungen sowie auf Grund der oben erwähnten Berichte haben wir nun noch zum Teil genauere Daten über die schon summarisch besprochenen Epidemien von Weilscher Krankheit in den Jahren 1897—1910 feststellen können.

Es handelt sich um folgende Epidemien:

1. Hagenau . . . im Jahre 1897 mit 10 Erkrankungen
2. Hildesheim . . . „ „ 1897 „ 26 „
3. Neiße . . . . „ „ 1899 „ 38 „
4. Braunschweig . . „ „ 1899 „ 25 „
5. Neiße . . . . „ „ 1900 „ 16 „
6. Braunschweig . . „ „ 1900 „ 10 „
7. Bromberg . . . „ „ 1908 „ 16 „

Zu den einzelnen Epidemien ist danach folgendes nachzutragen:

1. Hagenau 1897.

Die Zugänge verteilen sich auf alle Truppengattungen.

Es erkrankten:

von der Infanterie . . 2 Mann (je einer vom J. R. 136 und 137),
von der Kavallerie . . 3 Mann (Drag. R. 15),
von der Artillerie . . 5 Mann (F. A. R. 31).

Mit Ausnahme eines Sergeanten vom Dragoner-Regiment 15 standen alle im 1. Dienstjahr. Der Sergeant erkrankte auf dem Marsche ins Manöver und machte eine schwere Erkrankung mit sehr starkem Ikterus durch (völlig bronzefarbene Haut). Am 7. Krankheitstage ist vermerkt: „Der Bezug der Bettdecke zeigt zahlreiche gelbe Flecke, die durch den Schweiß entstanden sind". Am 8. Tage nach Entfieberung erfolgt ein Rezidiv, das 17 Tage dauerte.

---

1) Den Herrn Chefärzten der Garnison-Lazarette Bromberg, Braunschweig, Hagenau, Hildesheim, Magdeburg, Neiße und Schweidnitz, sowie dem Kgl. Meteorologischen Institut in Berlin und Herrn Prof. Precht (Vorstand der meteorologischen Station Hannover) sind wir für die uns stets bereitwilligst erteilte Auskunft zu Dank verpflichtet.

Hagenau: Sommer 1897.

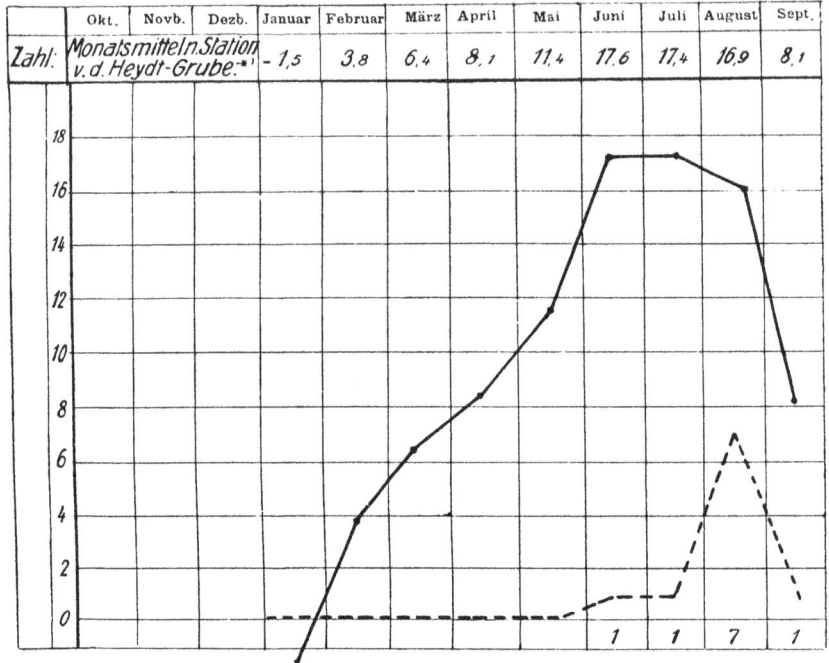

Zahl:	Okt.	Novb.	Dezb.	Januar	Februar	März	April	Mai	Juni	Juli	August	Sept.
Monatsmittel n. Station v. d. Heydt-Grube:[*]				- 1,5	3,8	6,4	8,1	11,4	17,6	17,4	16,9	8,1

*) Da uns die Temperaturangaben für die einzelnen Standorte nicht zur Verfügung standen, haben wir die Monatsmittel der nächst gelegenen Station des Kgl. Preußischen Meteorolog. Instituts benutzt.

Hagenau

Lfde. Nr.	Name	Truppen-teil	Lazarett-aufnahme	Wieviel Tage vor der Erkrankung		Krankheitsdauer in Tagen	Fieberdauer in Tagen	Erbrechen	Bronchitis	Ikterus
				ge-badet	ge-schwom-men					
1	Kan. He.	2/F. A. 31	16. 6.		d.	14	4			+
2	Drag. Me.	2/Drag. 15	30. 7.			22	8	+		+
3	Musk. Ma.	12/136	8. 8.			34	7			+
4	Drag. Vo.	2/Drag. 15	15. 8.			18	8			+
5	Kan. Vie.	5/F. A. 31	16. 8.			26	9			+
6	Musk. Dr.	4/137	27. 8.			18	4			+
7	Kan. Dö.	1/F. A. 31	27. 8.			28	5			
8	„ Ok.	3/F. A. 31	27. 8.			28	8			
9	„ Henn.	3/F. A. 31	27. 8.			25	5			+
10	Sergt. Hg.	3/Drag. 15	3. 9.			36	11	+++*)		+

*) Mehrere + bedeuten besonders starkes bzw. wiederholtes Erbrechen usw.

Außer diesem Rückfall ist nur noch ein Rezidiv beobachtet und zwar bei einem Kanonier, der nach einem anstrengenden Gebirgsmarsch erkrankt war.

Ikterus war bei dieser Epidemie sehr häufig (8 mal = 80 %). Näheres über die Verteilung der Zugänge auf die einzelnen Monate und über die beobachteten klinischen Symptome ergibt sich aus den Tabellen. Vgl. auch Übersichtstabelle auf S. 70.

In dem Stationsbericht für das Jahr 1896/97 (Berichterstatter Oberstabsarzt Dr. Thomas) heißt es:

„Nr. 97. Unter dieser Nummer sind zu einem Bestande von 1 15 Fälle hinzugekommen. Darunter befanden sich 5 Fälle von einfacher katarrhalischer Gelbsucht, die nichts Erwähnenswertes boten. Die übrigen 10 Fälle waren, ebenso wie der im Bestande gebliebene Fall von diesen ganz verschieden und boten das Bild der sogenannten akuten fieberhaften Gelbsucht oder der Weilschen Krankheit dar. Der im Bestande gebliebene Mann war der Dragoner W. 3/15. Er hatte einen akuten fieberhaften Ikterus überstanden und als Nachkrankheit eine Lähmung der linken Schulter behalten, wegen der er noch 7 Tage hier im Lazarett behandelt und dann der elektrischen Station des Garnisonlazaretts Straßburg überwiesen wurde; er mußte später als Invalide entlassen werden. Krankhafte Störungen im Gebiete des Nervensystems sind nicht selten die Folge einer akuten Infektionskrankheit, vielleicht liefert die hier vorgekommene Krankheit einen weiteren Beweis für die infektiöse Natur der Weilschen Krankheit. Im vorigen Sommer waren 5 Fälle dieser Krankheit zugegangen, sämtlich in der Zeit vom 27. Juli bis 5. August, 2 von der Artillerie, 2 von der Infanterie und 1 von der Kavallerie.

1897.

Schwellung der		Urin			Blutungen (Nase)	Petechien	Exanthema	Herpes	Haarausfall	Drüsen	Rezidive		Bemerkungen
Leber	Milz	Eiweiß (Tage)	Gallenfarbstoff (Tage)	Formbestandteile (Blut)							Anzahl	Dauer (Tage)	
+		+	+		++								
			+ +22										
	+ +		+		+								
		+ +	+ +						+		1	6	
		+18	+18						+		1	17	Im Schweiß Gallenfarbstoff.
+	+	+	+										

Für die Entstehung der Krankheit konnte in keinem Falle ein bestimmter Grund angegeben werden.

Wenn ich die Erfahrungen, die ich im letzten Sommer und in diesem Jahre bezüglich dieser Krankheit gemacht habe, zusammenfasse, so läßt sich folgendes feststellen:

1. Die Krankheit tritt nur in den Sommermonaten auf und bevorzugt vor allem den Monat August. Von 10 Fällen sind in diesem Jahre 7 im Monat August zugegangen und davon 4 an einem Tage (am 27. 8.)!

2. Das Krankheitsgift ist ein örtliches[1]), wie in anderen Garnisonen, so in Hagenau befindliches. Ein Fall, in welchem die Ansteckung an einem anderen Orte, als hier in Hagenau, erfolgt wäre, ist nicht beobachtet worden. Ein Musketier vom 136. Regiment erkrankte hier, nachdem das Regiment längere Zeit während der Herbstübungen in Hagenau untergebracht gewesen war, und die Leute, die vom Manövergelände zugingen, waren bestimmt in Hagenau angesteckt.

3. Das Krankheitsgift ist nicht von Individuum zu Individuum übertragbar[1]). Eine Ansteckung des Pflegepersonals ist niemals vorgekommen. Auch sonst ist eine Übertragung von Fall zu Fall nie nachgewiesen worden, sind niemals etwa 2 Fälle von einer Stube oder dergleichen zugegangen.

4. Die Art des Krankheitsgiftes ist vollkommen unbestimmt. Nach Strümpell hat Fiedler die Krankheit auffallenderweise besonders häufig bei Fleischergehilfen beobachtet. Hier sehen wir, daß von 10 Fällen 5 bei Artilleristen und 3 bei Kavalleristen, also von 10 Fällen 8 bei Soldaten vorgekommen sind, die mit Pferden zu tun haben. Ich glaube daher, daß der Umgang mit Tieren eine gewisse Bedeutung für die Entstehung der Krankheit hat.

5. Anscheinend spielt eine gewisse Unsauberkeit bei der Erkrankung eine Rolle. Niemals ist ein Offizier und nur einmal ein Unteroffizier von der Krankheit befallen worden.

6. Das Artillerie-Regiment rückte in diesem Jahre am 22. 8. zu den Herbstübungen aus. Kanonier O. erkrankte am 23. 8., Kanonier D. am 24. 8. Daraus ergibt sich, daß das Inkubationsstudium der Krankheit mindestens 2—3 Tage dauert".

Wie uns das Garnisonlazarett Hagenau ferner auf unsere Anfrage mitteilte, sind auch in späteren Jahren noch Fälle an Weilscher Krankheit in Hagenau vorgekommen und zwar

1898	Juli	3 Fälle	
	August	6 „	15 Fälle
	September	6 „	
1899	Juli	1 Fall	6 Fälle
	August	5 Fälle	
1905	Juli	1 Fall	2 Fälle
	August	1 „	
1909	Mai	1 Fall	
	Juli	1 „	3 Fälle
	August	1 „	
1910	August	1 Fall	1 Fall

Die Badeanstalt war dauernd an derselben Stelle gelegen.

---

1) Von uns gesperrt!

2. Hildesheim 1897.

Die Erkrankungen verteilten sich fast auf alle Kompagnien des in Hildesheim garnisonierenden Infanterie-Regiments Nr. 79, nur die 4., 6. und 12. Kompagnie blieben frei. Dagegen ist die 8. Kompagnie auffallend stark (mit 8 Zugängen) an der Epidemie beteiligt. Diese 8 Zugänge erfolgten sämtlich in den Tagen vom 17. bis 20. 8.

In allen Fällen traten die Klagen über starke Wadenschmerzen besonders hervor; in den meisten ist über eine starke Schwellung der Zunge berichtet.

Ikterus wurde auch hier erst bei dem 6. und dann vom 10. Zugange ab regelmäßig beobachtet. Bemerkenswert unter den klinischen Symptomen ist sonst noch die mehrfach in Erscheinung getretene Neigung zu Blutungen.

Außer Nasen- und Hautblutungen wurden Blutschorfbildung auf den Herpesbläschen und Auftreten einer haselnußgroßen Blutgeschwulst am Ohr gesehen. Einmal trat als Komplikation eine Parotitis purulenta auf. Bei einem anderen Kranken zeigten sich während der Erkrankung kataleptische Erscheinungen. Er wurde später wegen „überstandener Geisteskrankheit" als invalide entlassen.

Auch in dieser Epidemie fehlt bei den letzten 3 Zugängen eine Reihe Symptome des Morbus Weilii. Die Erkrankungen mit völlig ausgeprägtem Weilschen Symptomenkomplex finden sich wieder nur auf der Höhe der Epidemie.

In dem Jahresbericht ist über diese Epidemie folgendes vermerkt:

„Von den 26 Kranken haben 18 wöchentlich einmal in einem am Ufer abgesteckten 1,50 m tiefen Raum gebadet, die übrigen 8 Mann waren Schwimmschüler, die wöchentlich 3—4 mal in der Innerste badeten. Das Baden in der Innerste wurde durch Regimentsbefehl am 26. 8. eingestellt, die letzten Kranken kamen einen Tag später in Lazarettbehandlung. Nach Mitteilung von Zivilärzten sind auch gleichzeitig unter der hiesigen Zivilbevölkerung einzelne Erkrankungsfälle von Gelbsucht vorgekommen, die mit den beim Militär beobachteten Krankheitsfällen ein völlig übereinstimmendes Krankheitsbild darboten."

Bezüglich sonstiger Epidemien von Weilscher Krankheit in Hildesheim schreibt Oberstabsarzt Dr. Hobein:

„Ich habe alle Krankenblätter über Gelbsucht und Weilsche Krankheit seit 1867 und die Stationsberichte seit 1882 (seitdem sind Krankenblätter und Stationsberichte hier noch vorhanden) durchgesehen.

4*

Es fanden sich:

Im Jahre 1872 ein Fall von Ikterus, behandelt vom 9. 8. bis 11. 9., der als Weilsche Krankheit anzusehen sein dürfte. Ob er gebadet hat, ist nicht bemerkt.

Im Jahre 1893 ein ähnlicher Fall, behandelt vom 13. 7. bis 15. 8. Im Krankenblatt steht: „Selbst geschwommen hat Patient nur einige Male."

Im Jahre 1898 wurden zwei Fälle, die unter „Weilscher Krankheit" geführt sind, behandelt vom 1. 8. bis 9. 9. bzw. 13. 9. bis 5. 11. Zum ersten Fall ist im Stationsbericht bemerkt, daß der Mann von Mitte Juni bis zum 13. Juli fast täglich gebadet habe; 16 Tage nach dem letzten Bade habe er sich zuerst unwohl gefühlt."

Bezüglich des zweiten Falles, der anscheinend während oder auch nach dem Manöver erkrankte, heißt es im Krankenblatt: „Gebadet hat er während des Manövers, an dem er teilnahm, nicht."

Hildesheim 1897.

Zahl:		Okt.	Novb.	Dezb.	Januar	Februar	März	April	Mai	Juni	Juli	August	Sept.
	Monatsmittel: Hannover				− 2,9	1,6	0,5	7,1	11,2	17,6	20,1	18,5	14,8

Schließlich sei hier noch eine Notiz aus dem Stationsbericht des Garnisonlazaretts über das Berichtsjahr 1895/96 wiedergegeben.

Hildesheim 1897.

Lfd. Nr.	Name	Truppen-teil	Lazarett-aufnahme am	gebadet	ge-schwommen	Krankheitsdauer in Tagen	Fieberdauer in Tagen	Erbrechen	Bronchitis	Ikterus	Leber	Milz	Eiweiß	Gallenfarbstoff	Formbestandteile (Blut)	Blutungen (Nase)	Petechien	Exanthem	Herpes	Haarausfall	Drüsen	Rezidive Anzahl	Rezidive Dauer (Tage)	Bemerkungen
1	Musk. Scha.	10/79	1. 8.	+	+	33	6			+			+	+										Psychose, Krämpfe.
2	„ Jü.	9/79	3. 8.		+	130	14																	
3	„ La.	5/79	5. 8.	+	+	28	5	++		++++			++++	++++										
4	„ Kö.	1/79	6. 8.	++		27	3																	
5	„ Pl.	5/79	7. 8.		++	26	8				+	+ +	++	++			+		+					
6	„ Schr.	11/79	10. 8.	+		35	5																	
7	„ Gerd.	1/79	11. 8.		+	22	7																	
8	„ Pa.	2/79	12. 8.			21	3					+				+								
9	„ Sw.	7/79	15. 8.			18	6									+								
10	„ Hab.	2/79	16. 8.	1		42	8																	
11	„ Schä.	5/79	17. 8.	1		28	10			++							+							
12	„ So.	8/79	17. 8.	1		28	8						++	++										
13	„ Gk.	8/79	17. 8.	1		28	8																	
14	„ Lä.	8/79	17. 8.	1		16	7	+																
15	„ Wi.	8/79	17. 8.	1		50	8	+		++++++	+++	+	+	++++			+		+					
16	„ Lü.	8/79	19. 8.	+		29	8	+																
17	„ Fri.	9/79	19. 8.	+		14	2						+							+				
18	„ Al.	8/79	20. 8.	6		48	7																	
19	„ Gb.	8/79	20. 8.	4	+	32	4													+				
20	„ Ha.	8/79	20. 8.	6		25	8							+			+							
21	„ He.	1/79	22. 8.			40	5						+											
22	„ Ad.	3/79	25. 8.	9		45	5													++				
23	„ Ce.	11/79				81	?																	
24	„ Za.	1/79	27. 8.		6	10	5			+			+							+				Parotitis purulenta!
25	„ Schm. II.	10/79	27. 8.	8?		49	5						+											
26	„ Schm.	8/79	27. 8.	11		18	9						+											

In diesem wird zu Nr. 85 bei der Besprechung einer Reihe von Zugängen an „akutem Darmkatarrh" ausgeführt:

„Der Umstand, daß gleichzeitig 4 ausgesprochene Fälle von Weilscher Krankheit auftraten, deutet darauf hin, daß möglicherweise eine gemeinsame Infektion diese ungewöhnlich zahlreichen Erkrankungen hervorgerufen hat. Es ist aber nicht gelungen, die Quelle der Ansteckung mit Sicherheit zu ermitteln. Die Unterbringung ist nicht anzuschuldigen, da gleichzeitig Mannschaften zweier Bataillone erkrankten, die ziemlich weit aus einander liegen und eine völlig getrennte Verpflegung haben. Die dienstlichen Verhältnisse jener Zeit müssen ebenfalls als belanglos erscheinen. Eine direkte Übertragung innerhalb der einzelnen Bataillone kann ebenfalls kaum angenommen werden, da die Krankheit Mannschaften verschiedener Kompagnien und Stuben befiel und eine beschränkte Ausdehnung bewahrte. Als einzige, weiteren Kreisen im Dienst zugängliche Gelegenheit der Ansteckung könnte das Baden in der meist stark verunreinigten Innerste angesehen werden, doch hatte nur ein Teil der Erkrankten nachweislich am Baden und Schwimmen teilgenommen."

3. Neiße 1899.

Die 38 Zugänge bei dieser Epidemie verteilen sich auf die einzelnen Truppenteile in folgender Weise:

1. Pionier-Bataillon 6 . . .	14
2. Infanterie-Regiment 23 .	20
3. Fußartillerie-Regiment 6 .	3
4. Feldartillerie-Regiment 21	1

Eine in vielfacher Beziehung interessante Epidemie. Klinisch bemerkenswert ist die fast bei allen Kranken festgestellte starke Bronchitis, auch soll der Auswurf anfangs häufig mit Blut vermischt gewesen sein. Daneben ist fast regelmäßig eine Schwellung der Hals- und Nackendrüsen beschrieben. Zweimal erscheint der Verlauf durch eine Entzündung der Schilddrüse kompliziert gewesen zu sein.

Ein Kranker ging unter den Erscheinungen des Morbus Weilii zu, ohne daß Fieber bestand. Seine Klagen lauteten auf Kreuzschmerzen, die er sich durch Überschlagen beim Sprung ins Wasser vom Trittbrett zugezogen haben wollte. Daß er zur Epidemie gehörte, obwohl er angeblich weder vor seiner Aufnahme in das Lazarett gefiebert, noch später erhebliche Temperaturerhöhungen gezeigt hat, geht aus verschiedenen Umständen hervor:

1. Außer über Kreuzschmerzen bestanden auch die charakteristischen Klagen über Kopfschmerzen.

2. Es fanden sich auch hier gering geschwollene und wenig schmerzhafte Drüsen am Halse.

3. Der Urin enthielt Spuren von Eiweiß (1. Tag).

4. Es fand sich eine leichte Gelbfärbung der Haut bei vorübergehender Anwesenheit von geringen Mengen von Gallenfarbstoff im Urin.

5. Es bestand Pulsverlangsamung (54 Schläge).

6. Die Kurve zeigt jene leichte Steigerung der Temperatur auf 38° am 12. bzw. 13. Krankheitstage, die an Stelle des ausgesprochenen Rezidivs nach unserer Ansicht direkt typisch für die Weilsche Krankheit ist, auch sprach endlich

7. die auffallend langsame Rekonvaleszenz durchaus für Morbus Weilii.

Fieberkurve „Pionier S."

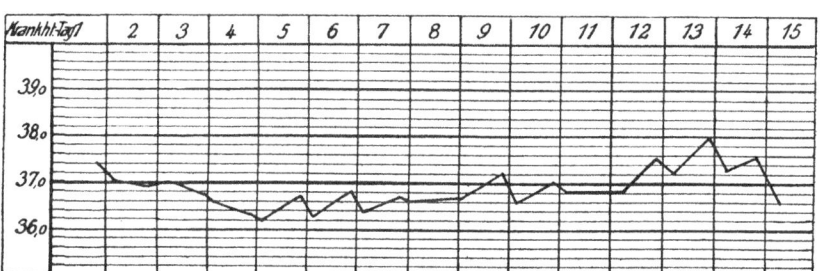

(Übrigens wird im Krankenblatt auch einmal von „Vergrößerung und Schwellung der Milz" gesprochen.)

Der Fall (siehe Fieberkurve „S") ist deshalb interessant, weil der Mann den Beginn seiner Krankheit, der nach der Kurve doch wohl sicher mit geringer Temperatursteigerung verlaufen ist, ambulatorisch durchgemacht hat und somit, wenn nicht gerade eine Epidemie geherrscht hätte, kaum als Weilsche Krankheit erkannt worden wäre. Es gibt also bei der Weilschen Krankheit außer leicht verlaufenden wohl auch ganz latent bleibende Infektionen.

Bei den letzten Zugängen macht sich in Übereinstimmung mit unseren sonstigen Beobachtungen auch bei dieser Epidemie das Zurücktreten der klinischen Symptome bemerkbar. Das Fieber fiel bei den letzten beiden Kranken schon am 1. Behandlungstage ab.

Alle Leute hatten mehr oder weniger kurze Zeit vor ihrer Erkrankung gebadet oder geschwommen. Nur in einigen Fällen ist angegeben, daß das letzte Bad bereits 11, 12, 13, 14 bzw. 21 Tage zuvor genommen sei.

Auch bei dieser Epidemie tritt sowohl im Bilde der

Neiße

Lfd. Nr.	Name	Truppenteil	Lazarettaufnahme am	Wieviel Tage vor der Erkrankung		Krankheitsdauer in Tagen	Fieberdauer in Tagen	Erbrechen	Bronchitis	Ikterus
				gebadet	geschwommen					
1	Pion. Ub.	2/6	1. 7.	1		57	4		+	+
2	Musk. Tsch.	10/23	5. 7.	3		52	5		+	
3	Pion. Ga.	3/6	6. 7.		d	71	7	+++	+	+
4	„ Pal.	1/6	6. 7.		1	51	8		+	
5	„ Gab.	4/6	6. 7.		d	51	9		+	
6	„ St.	4 6	6. 7.		2	51	8	+	+	+
7	„ Küt.	1/6	9. 7.		2	51	5	+	+	
8	„ Kot.	1/6	6. 7.		5	51	4		+	+
9	Musk. Lu.	12/23	6. 7.	6		51	5		+	
10	Kan. Jar.	6/6	7. 7.		14	45	7		+	
11	Pion. Ihr.	4/6	7. 7.		4	50	7		+	+
12	„ Ipyr.	4/6	7. 7.		3	50	3		+	+
13	„ Bö.	1/6	8. 7.		1	86	66		+	+
14	Musk. Ko.	6/23	13. 7.	12		64	6			+
15	„ Ba.	3/23	15. 7.	13		42	9	++	+	
16	„ Ham.	3/23	15. 7.	d		42	7	++	+	
17	Kan. Schn.	7/6	19. 7.	d		33	7		+	
18	„ Ku.	6/6	19. 7.	21		38	3		+	
19	Pion. Kosb.	1/6	25. 7.	5		32	?	+	+	
20	„ Sim.	3/6	25. 7.	5		32	?		+	
21	„ Ste.	3/6	25. 7.	7		32	?	+	+	
22	Musk. Hen.	7/23	30. 7.		d	49	10	+	+	+
23	Pion. Fur.	4/6	31. 7.		3	48	8		+	+
24	Musk. Schm.	5/23	1. 8.	d		46	8		+	+
25	„ Kl.	6/23	1. 8.	d		46	6		+	
26	„ Mo.	12/23	1. 8.	d		74	6	++	+	+
27	„ Gry.	12/23	1. 8.	2		46	8		+	
28	„ Greg.	11/23	2. 8.	9		45	6	+	+	+
29	„ Wam.	8/23	2. 8.	2		45	6		+	
30	„ Wag.	11/23	3. 8.		2	43	4			+
31	„ Kob.	2/23	3. 8.		d	43	5	+	+	
32	„ Hut.	4/23	3. 8.		d	43	9		+	+
33	„ Czm.	7/23	3. 8.	2		43	6		+	+
34	„ Nar.	5/23	4. 8.		2	42	4			+
35	„ Noh.	6/23	5. 8.	8		41	8		+	+
36	Kan. Ho.	1/6	7. 8.	8		39	7		+	
37	Musk. Win.	3/23	8. 8.	11		38	1	+		
38	„ Gryg.	3/23	9. 8.	?		37	2			

Temperaturkurve als auch hinsichtlich der größeren oder geringeren Vollzähligkeit und Intensität der klinischen Symptome der Unterschied zwischen Schwimmern und

1899.

Schwellung der		Urin			Blutungen (Nase)	Petechien	Exanthem	Herpes	Haarausfall	Drüsen	Rezidive		Bemerkungen
Leber	Milz	Eiweiß	Gallenfarbstoff	Formbestandteile (Blut)							An-zahl	Dauer (Tage)	
	+	+	+			+				+			
+	+	+	+			+	+			+	+	2	Vereiterung d. Achseldrüsen.
+	+	+	+			+				+			
+	+	+	+			+				+			
+	+	+	+			+				+			
	+	+	+				+			+			
+	+	+	+			+				+			
	+	+	+							+			
	+	+	+			+				+			Pneumonie u. Pleuritis.
+	+	+	+		+	+				+			
+	+	+			++	+				+			
+	+				+++					+			
+	+	+	+							+			
+	+	+	+		++					+			
+	+	+	+		+					+			
+	+	+	+		+		+			+	+	10	
+	+	+	+			+				+			
+	+	+	+			+				+			Schwellung d. Schilddrüse.
+	+	+	+		++	+				+			Schwellung d. Schilddrüse.
+	+	+	+							+	+	5	
+	+	+	+							+			
+	+	+	+							+			
+	+	+	+							+			

Neiße 1899.

	Okt.	Novb.	Dezb	Januar	Februar	März	April	Mai	Juni	Juli	August	Sept
Zahl: Monatsmittel: Oppeln				2,0	1,2	2,8	8,3	12,7	15,3	18,2	16,8	14,1

(chart with vertical scale 0, 2, 4, 6, 8, 10, 12, 14, 16, 18, 20, 22; values 23 and 15 noted below Juli and August columns)

Nichtschwimmern hervor (siehe Tabelle S. 56/57 [Neiße] 1899, speziell Spalte Ikterus). Bei ersteren bestand außerdem meist ein sich über mehrere Tage hinziehendes unregelmäßiges Fieber, bei letzteren ein kurzer (oft staffelförmiger) Temperaturabsturz.

In späteren Jahren sind in Neiße noch mehrfach Fälle von Weilscher Krankheit beobachtet und zwar:

1900 Juli   1 Fall, ⎫
     August 16 Fälle, ⎬ (siehe spätere Beschreibung S. 61),
1903 Juli   1 Fall, Ursache: Wasserarbeiten in der Biele,
1905 Juni   1 „ ,   „   Schwimmen in der Neiße,
    Juli   2 Fälle,   „   „   „   „   „

1907 August 2 Fälle, Ursache: Schwimmen in der Neiße,

1908 Juni   1 Fall,   „   „   „   „   „

Juli   1 „ ,   „   „   „   „   „

1909 Juni   1 „ ,   „   „   „   „   „

Die Militärschwimmanstalt wurde nach Mitteilung des Garnisonlazaretts stets an demselben Platze aufgebaut.

4. Braunschweig 1899.

Die Erkrankungen verteilen sich auf die Garnison in der Weise, daß   vom Infanterie-Regiment Nr. 92 19 Mann,

„   Husaren-Regiment Nr. 17   5   „   und

„   Bezirkskommando   1   „   zugingen.

Braunschweig 1899.

Zahl:	Monatsmittel: Helmstedt			Januar	Februar	März	April	Mai	Juni	Juli	August	Sept.
	Okt.	Novb.	Dezb.									
				2,7	2,5	2,7	7,7	11,6	15,2	17,9	17,0	12,3

1* = keine Weilsche Krankheit (Typhus mit Ikterus!).

(Die folgende Tabelle ist um 90° gedreht gedruckt.)

Lfde. Nr.	Name	Truppenteil	Lazarettaufnahme	gebadet	geschwommen	Krankheitsdauer in Tagen	Fieberdauer in Tagen	Erbrechen	Bronchitis	Ikterus	Leber	Milz	Eiweiß	Gallenfarbstoff	Formbestandteile (Blut)	Blutungen (Nase)	Petechien	Exanthem	Herpes	Haarausfall	Drüsen	Anzahl	Dauer (Tage)	Bemerkungen
1	Musk. Hgl.	7/92	2. 8.			27	8						++					+						
2	„ Zu.	1/92	2. 8.			33	6																	
3	„ Schn.	9/92	5. 8.			21	11						+											
4	„ Kn.	10/92	6. 8.			20	6																	
5	„ Bol.	6/92	6. 8.			15	5	++																
6	„ Mü.	2/92	6. 8.	+		20	6	+++																
7	„ Sie.	4/92	6. 8.		2	20	6	++																
8	„ Oh.	4/92	6. 8.			20	3			+				+		+		++++						
9	„ Th.	3/92	7. 8.	+++	+	16	6	+					++++	+										
10	„ Schm.	9/92	7. 8.		3	14	6							+										
11	Hus. Wil.	5/17	7. 8.	++		14	4							+										
12	Musk.Schr.	4/92	7. 8.	2	1	16	2	++						+										
13	„ Schm.	3/92	8. 8.		3	18	6							+										
14	„ Her.	3/92	8. 8.			14	4							+										
15	„ Pie.	11/92	8. 8.			18	3							+										
16	Gefr.Weig.	Bez.Kom. II	9. 8.	++		12	5							+				++						
17	Hus. Bl.	1/17	9. 8.			12	3							+										
18	Musk. Ned.	1/92	11. 8.			11	4							+										
19	„ Spel.	2/92	11. 8.			17	5							+										
20	„ Bu.	7/92	14. 8.			14	7							+										
21	Hus. Kö.	2/17	18. 8.			13	7	+						+										
22	„ Roh.	1/17	19. 8.	++		13	5						++++	+				+						
23	„ Nie.	1/17	21. 8.			11	5							+										Phlyktäne.

Anmerkung: Außerdem 2 Fälle im Juli! Beide sehr leicht und wenig charakteristisch.

Wie bei anderen Epidemien so waren auch hier die ersten
Fälle z. T. leicht und verliefen unter den Erscheinungen
eines akuten Magenkatarrhs, so daß sie zunächst nicht als
Weilsche Krankheit erkannt wurden.

Ein Zusammenhang mit dem Baden in der Oker ist mehrfach
als nicht sicher erwiesen bezeichnet.

5. Neiße 1900.

Eine Epidemie von 16 Fällen, die sämtlich innerhalb von 7 Tagen
vom 2. bis 8. August 1900 zugingen. Unsere Annahme, daß jedenfalls schon vorher Fälle von Weilscher Krankheit voraufgegangen,
aber nicht erkannt seien, wurde insofern wieder bestätigt, als ein
nachträglich ermittelter Zugang im Lazarett, der einen bereits am
3. Juli wegen „akuten Magenkatarrhs" aufgenommenen Pionier
betraf, die Symptome echter Weilscher Krankheit, allerdings
ohne Ikterus, zeigte (plötzliche Erkrankung mit Schmerzen im
ganzen Körper, besonders in den Oberschenkeln, Druckempfindlich-

Neiße 1900.

Zahl.	Monatsmittel: Oppeln	Okt	Novb.	Dezb.	Januar	Februar	März	April	Mai	Juni	Juli	August	Sept.
					0,3	1,6	0,5	7,1	11,2	17,6	20,1	18,5	14,8

Lfde. Nr.	Name	Truppen-teil	Laza-rett-auf-nahme	Wieviel Tage vor der Erkrankung		Krankheitsdauer in Tagen	Fieberdauer in Tagen	Erbrechen	Bronchitis	Ikterus
				ge-badet	ge-schwom-men					
1	Pion. Kra.	3/6	2. 8.			29	8			+
2	„ Sew.	3/6	3. 8.			28	8	+++		+
3	„ Kard.	3/6	3. 8.		d.	28	3	+++		+
4	„ Mai.	4/6	4. 8.		d.	27	5	++		+
5	„ Fu.	4/6	4. 8.			27	5			+
6	„ Nag.	1/6	4. 8.		d.	27	5	++		+
7	„ Si.	1/6	4. 8.		1	27	8			+
8	„ Kie.	3/6	5. 8.			26	9			+
9	„ Knö.	1/6	5. 8.			26	6			+
10	„ Scho.	1/6	6. 8.		2	25	8	++		+
11	„ Zup.	1/6	6. 8.			25	4			+
12	„ Pai.	2/6	6. 8.		4	25	6			+
13	„ Schm.	4/6	6. 8.			25	3			
14	„ Kö.	1/6	6. 8.		5	25	5			+
15	„ Lan.	1/6	7. 8.			24	2			
16	„ Ober.	4/6	8. 8.		7	23	2			

keit der Lebergegend, Gallenfarbstoff im Urin, Nasenbluten, Erbrechen, typische Fieberkurve für leichtere Fälle).

Alle Erkrankten waren Schwimmer. Die klinischen Symptome — bis auf die beiden letzten Zugänge — ausgesprochen. In diesen letzten Fällen waren wieder nur ein eintägiges Fieber und weniger ausgesprochene Symptome vorhanden.

6. Braunschweig 1900.

Es erkrankten nur Infanteristen, und zwar:

9 Mann vom Regiment Nr. 92 und

1 „ „ Bezirkskommando.

In klinischer Hinsicht ist die Beobachtung einer durchweg starken Füllung der Vena epigastrica hervorzuheben. Bei 2 Leuten, die nur gebadet hatten, verlief die Krankheit sichtlich leichter als bei denen, welche auch zugleich geschwommen hatten.

Wertvoll und lehrreich ist die weitere Beobachtung, daß ein Mann, der dem Lazarett zur Beobachtung auf Bluthusten überwiesen war, erst am 7. Tage seines Lazarettaufenthaltes an Morbus Weilii erkrankte. Die Inkubationszeit beträgt daher wohl mindestens

1900.

Schwellung der		Urin			Blutungen (Nase, Darm)	Petechien	Exanthem	Herpes	Haarausfall	Drüsen	Rezidive		Bemerkungen
Leber	Milz	Eiweiß	Gallenfarbstoff	Formbestandteile (Blut)							Anzahl	Dauer (Tage)	
+		+								+			
+	+	++								++			
+	++	++								++			
+	+	+								++			
+													
+		+					+			+			
+	+	+								++			
+		+								++			
+	+	+								++			
+		++											
+	+	++								+			
+		+							+	++			

7 Tage, wie dies auch bei der Hildesheimer Epidemie beobachtet werden konnte.

In dem Jahresbericht der Station heißt es über diese Epidemie:

„Ätiologisch ist anzunehmen, daß wie bei der im vorigen Berichtsjahre bereits vorgekommenen Epidemie die Infektion beim Baden in der Schwimmanstalt der Garnison stattgefunden hat. 9 von den Erkrankten haben in derselben gebadet, einer war mit Aufsichtsdienst daselbst beauftragt. Unmittelbar oberhalb der Anstalt befindet sich der Hauptmüllabladeplatz der Stadt, der stellenweise bis an das Ufer der Oker reicht. Etwa 400 m oberhalb desselben befindet sich am anderen Ufer ein nicht kanalisiertes Stadtviertel Braunschweigs (gen. Eisenbüttel) von etwa 20 Häusern, deren Abwässer zum größten Teil in den Fluß, teisweise direkt, teilweise durch Gärten geführt werden. An einzelnen Häusern, speziell einem im Sommer sehr stark besuchten Wirtshaus, liegen die Aborte über dem Wasserspiegel und entleeren ihren Inhalt direkt in den Fluß. Außerdem münden an dieser Stelle noch die allerdings vorher geklärten Gebrauchswässer einer großen Bierbrauerei und die nicht geklärten des Elektrizitätswerks der Stadt in den Fluß. Es ist mit Sicherheit anzunehmen, daß durch diese Verhältnisse die Entstehung der Erkrankungen veranlaßt ist. Ob die Annahme, daß durch Gewitterregen eine erhöhte Zufuhr von Abfallstoffen in den Fluß auf genannten Wegen stattgefunden hat und dadurch die Epidemie verursacht wurde, begründet ist, muß dahingestellt bleiben. Der nachgewiesenen Verunreinigung des Flusses dicht oberhalb der Badeanstalt wird zweifelsohne die Schuld beizumessen sein, zumal in

Braunschweig 1900.

	Okt.	Novb.	Dezb.	Januar	Februar	März	April	Mai	Juni	Juli	August	Sept.
Zahl. Monatsmittel Helmstedt				1,0	0,9	1,2	7,0	11,8	16,3	18,9	17,0	14,0

1* = keine Weilsche Krankheit (siehe Bemerkung S. 19).

Braun-

Lfde. Nr.	Name	Truppen-teil	Laza-rett-auf-nahme	Wieviel Tage vor der Erkrankung		Krankheitsdauer in Tagen	Fieberdauer in Tagen	Erbrechen	Bronchitis	Ikterus
				ge-badet	ge-schwom-men					
1	Musk. Kü.	1/92	23. 7.			25	7			
2	Untffz. Wed.	1/92	24. 7.		+	20	8			
3	Musk. Mu.	3/92	31. 7.			19	10			
4	„ Blu.	2/92	31. 7.		2	32	8			
5	Sergt. Jac.	3/92	1. 8.		1	18	8	+		+
6	Musk. Si.	5/92	4. 8.		2	41	7	++		+
7	„ Fon.	11/92	5. 8.	4	.	13	4			
8	„ Born.	9/92	5. 8.	3		13	7			+
9	„ Hab.	5/92	6. 8.		4	18	6			
10	„ Mey.	Bez.Kdo. II	8. 8.			15	6			

Betracht kommt, daß die in den Abwässern enthaltenen pathogenen Stoffe in den heißen Sommermonaten Juli und August, in denen die Erkrankungen vorgekommen sind, in dem fast stagnierenden, mit Sumpfwasserpflanzen und Algen über und über durchsetzten Flußwasser die denkbar günstigsten Verhältnisse für ihre Weiterentwickelung fanden."

Bemerkenswert ist noch, daß später, 1902/03, noch 2 weitere Fälle von Weilscher Krankheit in Braunschweig vorkamen. Im Jahre 1908 wurde dann eine neue Badeanstalt im freien Gelände der Schunter (keine Gebüsche usw.) angelegt. Erkrankungen an Weilscher Krankheit sind seitdem nicht mehr beobachtet.

7. Bromberg 1908.

Die Zugänge verteilen sich wie folgt:

Infanterie-Regiment Nr. 14 7

„   „   Nr. 148 5

Feldartillerie-Regiment Nr. 17 . . . 1

„   „   Nr. 53 . . . 1

Grenadier-Regiment zu Pferde Nr. 3 . 2

Ein besonderes klinisches Interesse beansprucht die Erkrankung des Musketiers W. 3/148. Der Mann erkrankte am 30. Juni mit Magenschmerzen und Schüttelfrost. Er meldete sich am 1. Juli krank, wurde ins Revier aufgenommen und von dort am 2. Juli dem Lazarett überwiesen. Ohne besonderen Befund bestand 10 Tage lang unregelmäßiges Fieber, dann mehrfach plötzlicher Fieberanstieg, der

schweig 1900.

Schwellung der		Urin			Blutungen (Nase)	Petechien	Exanthem	Herpes	Haarausfall	Drüsen	Rezidive		Bemerkungen
Leber	Milz	Eiweiß	Gallenfarbstoff	Formbestand-teile (Blut)							An-zahl	Dauer (Tage)	
+ + + +	+ + +	+ + +	+ +	+									Venae epigastr. stark gefüllt.
			+				+						do.
+	+ + +	+ +	+					+					do.
		+											do.
													do.
+ +	+				+								do.
													do.

Bromberg 1908.

Zahl:	Monatsmittel Bromberg	Okt.	Novb.	Dezb.	Januar	Februar	März	April	Mai	Juni	Juli	August	Sept.
					−1,1	0,7	1,8	5,7	13,5	17,3	19,2	16,1	12,3

Bromberg

Lfde. Nr.	Name	Truppenteil	Lazarett-aufnahme	Wieviel Tage vor der Erkrankung gebadet	geschwommen	Krankheitsdauer in Tagen	Fieberdauer in Tagen	Erbrechen	Bronchitis	Ikterus
1	Musk. Fi. I.	8/14	17. 6.			61	8	+		+
2	Kan. Na.	2/17	25. 6.			26	8			
3	Musk. Pie.	3/14	30. 6.			48	9	+++		
4	„ Ko.	1/14	1. 7.			112	9			+
5	„ We.	3/148	2. 7.			61	10			
6	Kan. Ad.	6/53	17. 7.	3		43	8	+		+
7	Gren. z. Pf. Scha.	5/3	18. 7.	1		48	5	+		+
8	Musk. Schw.	12/14	2. 8.			34	10	+		+
9	„ The.	7/148	3. 8.			52	9	+		+
10	Gefr. Nüss.	9/14	5. 8.			42	9	++		+
11	Musk. Ku.	2/14	6. 8.			47	19	++		+
12	„ Qu.	1/148	6. 8.			13	8	+		+
13	„ Schrö.	9/14	7. 8.	3		43	10			+
14	„ Schrö.	4/148	9. 8.	d.		41	8			+
15	Gren. z. Pf. Gol.	4/3	10. 8.			21	7	++		+
16	Musk. Mä.	1/148	18. 8.			32	7	+		+

z. T. den Eindruck eines Tertianafiebers macht. Malariaparasiten wurden indessen nie gefunden. Am 25. Juli, gelegentlich eines derartigen Fieberanfalles: Schwellung des linken Nebenhodens und Samenstranges. Kein Ausfluß. Vorsteherdrüse nicht schmerzhaft, zeigt regelrechten Befund. Schneller Zurückgang der Schwellung, die am 30. Juli bereits nicht mehr nachzuweisen ist. Obgleich Gelbsucht nicht bestand, wurde in Anbetracht des gleichzeitig gehäuften Auftretens der Weilschen Krankheit und des Krankheitsverlaufes (plötzlicher Beginn mit hohem Fieber, Magenbeschwerden und Schüttelfrost, unregelmäßig verlaufendes Fieber, charakteristische Muskelschmerzen) die Diagnose auf Morbus Weilii gestellt. Hierzu veranlaßte u. a. auch der Umstand, daß bei dieser Epidemie in einem klinisch sicheren Falle als Nebensymptom Parotitis beobachtet wurde und erfahrungsgemäß bei anderen Infektionskrankheiten (z. B. bei Mumps), beide Symptome häufig vikariierend vorkommen. (Vgl. Fall „Li" Hildesheim 1910 mit Harnröhrenausfluß ohne Gonokokken.)

In dem Stationsbericht für 1907/08 bemerkt zum Kapitel „Übertragbare Gelbsucht" der Berichterstatter (Stabsarzt Gruner): „Die Erkrankung wurde 4 mal auf das Baden im Fluß (Bache) zurückgeführt, 8 mal wurde als Ursache Erkältung angegeben.

1908.

| Schwellung der | | Urin | | | Blutungen (Nase) | Petechien | Exanthema | Herpes | Haarausfall | Drüsen | Rezidive | | Bemerkungen |
Leber	Milz	Eiweiß	Gallenfarbstoff	Formbestandteile (Blut)							Anzahl	Dauer (Tage)	
+	+	++	+	+	+						+	5	
+		+					+	+	+		+	5	
			+		++	+	+	+					
		+++	+										
+?		+++++			+ ++ +					+			
					++								

Während der Sommermonate kamen in der Zivilbevölkerung von Bromberg Fälle von Weilscher Krankheit nicht vor."

Bei einem der Kranken, die zugleich eine positive Widalsche Reaktion für diese Bakterien hatten, wurden im Urin und Kot Typhus- und Paratyphusbazillen nachgewiesen.

Eine Zusammenstellung aller bei diesen Epidemien erfolgten Erkrankungen an Weilscher Krankheit, aus der die Zahl der täglichen Zugänge ersichtlich ist, gibt die Tafel 1.

VI. Therapie und bisherige Prophylaxe.

Ehe wir nun auf die Schlußfolgerungen eingehen, welche wir aus dem beigebrachten Material glauben ziehen zu können, müssen wir kurz einige Worte über die Therapie und bisher gebräuchliche Prophylaxe beim Morbus Weilii nachtragen, wenngleich wir in dieser Beziehung nichts Neues bringen.

Die Therapie ist fast überall die gleiche symptomatisch-diätetische gewesen. Sie bestand in Schonung des Magendarmkanals, Applikation von hydropathischen Umschlägen und Verabreichung von lauwarmen Bädern. In einzelnen Epidemien wurde Chinadekokte, in anderen kleine Kalomeldosen gegeben. Auch Darmeingießungen sind mehrfach versucht worden. Soweit spezifisch wirkende Arzneien gegeben sind (Salizyl, Chinin usw.) ist über besondere Erfolge nichts vermerkt. Bei der Hildesheimer Epidemie wurde durch Aspirin die Fieberkurve zwar beeinflußt, doch konnte dieses Mittel sichtbare Besserung der Beschwerden nicht herbeiführen.

Außer der Lazarettbehandlung wurde vielfach eine Nachbehandlung in Genesungsheimen erforderlich. Während in Hildesheim nur 3 Mann zur Wiederherstellung ihrer Dienstfähigkeit in ein Genesungsheim gesandt wurden, ist bei den übrigen Epidemien von dieser Maßnahme ein ausgedehnterer Gebrauch gemacht worden. Dem gegenüber ist in Hildesheim die durchschnittliche Behandlungsdauer im Lazarett eine wesentlich längere gewesen, abgesehen davon, daß die Mehrzahl der Kranken nach ihrer Lazarettentlassung noch einen längeren Erholungsurlaub erhielt.

Bei fast allen Epidemien sind nun bisher neben Desinfektionsmaßnahmen besondere Isolierungs- und Schutzmaßregeln getroffen worden. Auch in Hildesheim wurden solche zunächst durchgeführt. Wir können nach unseren epidemiologischen und bakteriologischen Untersuchungen von ihnen keinen Erfolg mehr erwarten und werden von der Zwecklosigkeit derartiger Maßnahmen sogleich noch zu sprechen haben. Einen unmittelbaren Einfluß auf den Gang der Epidemie hat dagegen stets das Badeverbot gehabt. In allen Fällen, wo ein solches erlassen wurde, kam regelmäßig bald darauf die Epidemie zum Stillstand. Ja, in den Standorten, in denen die Badeanstalt verlegt wurde (Magdeburg, Braunschweig u. a.), scheint die Weilsche Krankheit überhaupt nicht mehr beobachtet zu werden (vgl. Beobachtungen Kirchners und Pfuhls).

VII. Ergebnisse der gesammelten Beobachtungen, sowie Schlußbetrachtungen über das Wesen der Weilschen Krankheit und die Grundlagen einer neuen Prophylaxe.

Wir wenden uns nunmehr zu den Ergebnissen unserer Untersuchungen und den Schlußfolgerungen, die sich unserer' Ansicht nach aus den beigebrachten Daten ziehen lassen.

Zunächst finden wir in „klinischer" Hinsicht eine Bestätigung unserer bei der letzten Epidemie in Hildesheim angestellten Beobachtungen. Hier wie dort zeigt sich, daß sich der von Weil geschilderte „Symptomenkomplex" in seinem ganzen Bilde nur in einer gewissen Anzahl der Erkrankungen fand, dagegen oft in Fällen fehlte, für deren zweifelfreien ätiologischen Zusammenhang mit den ausgebildeten Krankheitsbildern das klinische Bild, der Dekursus der einzelnen Erkrankungen, sowie der Verlauf der Epidemie im ganzen sprachen. Auf der einen Seite sahen wir dabei glatte Übergänge zu Krankheitsbildern, die dem einfachen „katarrhalischen Ikterus" sehr nahe kamen, oder ohne Ikterus und schwere Symptome verlaufende Erkrankungen, welche als „akuter Magenkatarrh" aufgefaßt sind. Auf der anderen Seite wiederum ist z. B. ein klinisch einwandfreier Typhus wegen eines gleichzeitig bestehenden Ikterus sehr mit Unrecht als Weilsche Krankheit diagnostiziert worden. Es zeigte sich also die Tatsache wieder bestätigt, daß der Weilsche Symptomenkomplex für die gewöhnlich als „Weilsche Krankheit" bezeichnete Infektionskrankheit nicht prägnant und erschöpfend genug ist. Man kann die gleichen Symptome gelegentlich auch bei anderen Infektionskrankheiten, sogar bestimmten Vergiftungen, ziemlich vollzählig beobachten, wofür wir schon eingangs Beispiele anführten. Andererseits ist die Ausbildung des ganzen Symptomenkomplexes beim Morbus Weilii keineswegs immer vorhanden und für die sichere Diagnosenstellung auch keineswegs erforderlich. Diese Tatsachen möchten wir auf Grund unserer Beobachtungen nachdrücklich hervorheben. Es kommt anscheinend zur Ausbildung des schweren Krankheitsbildes mit allen von Weil geschilderten Symptomen nur unter bestimmten Bedingungen. In einer großen Zahl der Fälle verläuft die Krankheit ohne die Gesamtheit der bekannten von Weil beschriebenen klinischen Erscheinungen. Auch wechseln bei den einzelnen Epidemien die verschiedenen Symptome nicht unerheblich (siehe Tabelle). Ja es kommen ganz leicht verlaufende Fälle vor, die nur im Rahmen einer Epidemie erkannt werden konnten.

Lfd. Nr.	Epidemie Garnison	Jahr	Krankenzahl 1. Dienstjahr	2. Dienstjahr	höheres	Summe	Dauer der Behandlung	Dauer des Fiebers	Erbrechen	Bronchitis	Gelbsucht	Schwellung der Leber	Milz	Harn Albumen	Gallenfarbstoff	Nasenbluten	Petechien	Urtic. Exant.	Herpes	Haarausfall	Drüsen
1	Hagenau . .	1897	9	—	1	10	25	7	20	—	80	20	30	50	100	20	—	—	20	—	—
2	Hildesheim .	1897	21	5	—	26	32	7	15	—	54	15	12	42	47	7	15	—	7	19	—
3	Neiße . . .	1899	31	7	—	38	47	5	32	90	45	76	97	89	81	21	—	47	7	—	9
4	Braunschweig	1899	19	4	—	23	16	5	30	—	4	—	—	48	91	4	—	35	—	—	—
5	Neiße . . .	1900	12	4	—	16	26	6	31	—	81	—	88	44	88	—	—	6	—	6	6
6	Braunschweig	1900	6	2	2	10	21	7	20	—	30	70	70	50	40	10	—	—	10	—	1
7	Bromberg .	1908	7	9	—	16	45	9	69	—	75	19	6	75	25	38	6	13	13	6	•
8	Hildesheim .	1910	14	5	1	20	51	7	45	40	30	50	35	95	25	25	5	35	10	—	—

Trotzdem wird es angebracht sein, vor der Hand die Bezeichnung „Weilsche Krankheit" beizubehalten, zumal ihre Ätiologie noch nicht geklärt ist. Sollte es bei weiteren Versuchen gelingen, den Erreger der Krankheit näher zu erforschen, so wird sich damit auch die Möglichkeit einer schärfer präzisierten Bezeichnung und Abgrenzung ergeben[1]). Wir selbst haben nun hinsichtlich der „Ätiologie" auf Grund des von uns gesammelten Materials folgende Überlegungen angestellt:

Daß es sich beim Morbus Weilii um eine echte Infektion und keine einfache Intoxikation durch reichlich verschlucktes schlechtes Wasser handelt, scheint schon nach dem klinischen Bilde der Krankheit und dem Verlauf der Epidemie gesichert, aber auch aus folgenden Gründen.

Bei mehreren Epidemien erkrankten nicht allein Leute, die im Wasser geschwommen oder auch nur gebadet hatten, sondern daneben,

---

1) Besonders gegenüber den atypisch (?) verlaufenen Epidemien, wie sie z. B. von Globig, Schulte u. a. beschrieben sind, macht sich der Mangel unserer bisherigen ungenügenden ätiologischen Kenntnisse sehr fühlbar.

wenn auch seltener, Mannschaften, die nur zur Aufsicht in der Badeanstalt geweilt oder in ihrer Nähe Dienst getan haben (Pioniere bei
Übungen). Bei diesen Mannschaften, die also kein Wasser „ge-
schluckt" haben und doch erkrankten, kann naturgemäß von einer
Intoxikation nicht gesprochen werden.

Weiter spricht mit einiger Sicherheit gegen eine Intoxikation die
verhältnismäßig lange Inkubationsdauer, die nach unseren Ausführungen zum mindesten 7 Tage, vielleicht noch länger währt. Die
von Cramer nach Santoninvergiftung beobachtete Erkrankung und
ähnliche Intoxikationen haben als „Weilsche Krankheit" in unserem
Sinne trotz des Weilschen Symptomenkomplexes auszuscheiden.

Auch diätetische Einflüsse vermögen wir aus dem gleichen
Grunde nach den vorliegenden Ergebnissen nicht als Ursache der
Weilschen Krankheit anzusehen. Bei den beschriebenen Militärepidemien spricht gegen einen derartigen ursächlichen Zusammenhang schon der Umstand, daß sich die Erkrankungen stets bei den
badenden Mannschaften der verschiedenen Truppenteile derselben
Standorte ereigneten.

Daß rein atmosphärische, tellurische und klimatische Verhältnisse an sich die Krankheit verursachten, ist nach dem Stande unserer
Wissenschaft gleichfalls ausgeschlossen. Es bleibt daher nur übrig,
in einem infektiösen Agens die Krankheitsursache des sogenannten
Morbus Weilii zu suchen. Diesem eine ätiologische Spezifizität
zuzusprechen, wie dies bisher schon von den verschiedensten Autoren
geschehen ist, erfordert das deutlich abgegrenzte klinische Krankheitsbild.

Bei allen Militärepidemien tritt nun in erster Linie der „streng
lokale" Charakter der Infektionsquelle mit absoluter Klarheit regelmäßig zu Tage. Dieses streng an einen Ort gebundene Auftreten
des Infektionsstoffes zeigt sich einmal darin, daß immer wieder nur
dieselben Garnisonen befallen werden, und zweitens darin, daß in
diesen Garnisonen fast durchweg sogar eine noch strikter lokalisierte
Infektionsquelle in die Erscheinung tritt. Mit wenigen Ausnahmen
erkranken meist immer nur solche Leute, die sich in der Schwimm-
bzw. Badeanstalt oder doch in der Nähe der Flüsse usw. aufgehalten
haben. Diese streng an den Ort gebundene Schädlichkeit ist
übrigens nicht allein bei Militärepidemien, sondern auch sonst beobachtet und zwar sowohl früher bei dem sogenannten epidemischen
Ikterus (siehe Hennig), als auch später bei zweifellos echter Weilscher Krankheit (z. B. bei den von Leik publizierten Fällen). (Siehe
auch Werthers diesbezügliche Zusammenstellung.)

Was weiter ins Auge fallen muß, ist die völlige Nichtkontagiosität des Virus. Bei keiner Epidemie sind dahingehende Beobachtungen gemacht worden, daß jemals Ansteckungen innerhalb der Truppe oder unter dem Pflegepersonal im Lazarett vorgekommen sind. Obgleich gelegentlich auch Leute auf Urlaub, im Manöver und während des Aufenthaltes der Truppe auf Truppenübungsplätzen erkrankt sind, ist niemals von einer Verbreitung des Infektionsstoffes an diesen neuen Orten berichtet worden. Demgemäß werden sich auch in Zukunft die bisher meist angewandten Desinfektionsmaßregeln erübrigen, wie auch die bisher in den Sanitätsberichten gewählte Bezeichnung „übertragbare Gelbsucht" uns wenig zutreffend zu sein scheint; denn beim Morbus Weilii handelt es sich — wie dies auch Aufschlager hervorhebt — nicht um einen primären infektiösen Ikterus.

Die früher beim „Icterus infectiosus" beobachtete Tatsache, daß mehrere Ikterusfälle in derselben Familie vorkamen (Hausepidemien Hennigs), beweist naturgemäß noch nicht, daß Kontaktinfektionen vorgelegen haben müssen, sie erinnert uns vielmehr an das „Hausfieber" par excellence, nämlich das tropische Gelbfieber, wo die Infektionen durch die „Hausmücke" Stegomyia calopus besorgt werden.

Weiter ist aber auf Grund früherer Untersuchungen, mit denen unsere bei dieser Epidemie angestellten bakteriologischen Befunde durchaus im Einklang stehen, wiederholt darauf hinzuweisen, daß sich das zirkulierende Blut sowie steril entnommener Harn stets keimfrei erwiesen haben.

Wenn es Jaeger und nach ihm vereinzelten Untersuchern gelungen ist, aus dem Harn den Proteus fluorescens zu züchten, so können diese Befunde gegenüber den vielen negativ ausgefallenen Nachprüfungen nicht als Beweise angesehen werden.

Immerhin soll die Möglichkeit nicht in Abrede gestellt werden, daß bei Weilscher Krankheit bazilläre Sekundär-Infektionen mit diesen oder jenen Keimen vorkommen können. Hierfür spräche auch der verhältnismäßig häufige Befund einer positiven Widalschen Reaktion für Typhus- und besonders für Paratyphusbazillen. Er läßt sich indessen nicht dafür verwenden, etwa einen typhusähnlichen Keim als Erreger der Weilschen Krankheit anzunehmen. Finden sich doch derartige Befunde auch bei anderen Infektionskrankheiten häufiger, z. B. bei dem mit dem Typhus gar nicht verwandten Maltafieber.

Andererseits müßte es, wollte man die Proteusbazillen als spezifische Erreger der Krankheit ansehen, ganz unverständlich erscheinen, daß bisher weder in Kasernen und Lazaretten, noch sonst irgendwo sichere direkte Ansteckungen beobachtet sind, da doch mit dem Urin und den

Fäzes die Krankheitserreger ausgeschieden werden sollen. Diese Tatsache spricht vielmehr entschieden dagegen, daß sich der Krankheitserreger überhaupt in den Exkrementen findet. Auch im Auswurf ist er nicht anzunehmen, selbst wenn man zu der Hülfshypothese greifen wollte, daß es sich um ein invisibles, nichtkultivierbares Virus handele. Denn bei allen mit Bronchialkatarrhen oder sonstigen Erscheinungen der Luftwege beginnenden Krankheiten sind Kontaktinfektionen ebenso häufig (man denke nur an die hohe Zahl infizierter Stubenkameraden, die sich bei Diphtherieerkrankungen fast regelmäßig vorfinden) wie bei denjenigen Infektionskrankheiten, bei welchen Stuhl und Urin infektiös sind, z. B. beim Typhus. Da derartige Beobachtungen bei der Weilschen Krankheit fehlen, so darf man wohl mit Recht behaupten, daß ein durch Auswurf, Stuhl und Urin ausgeschiedenes Virus nicht die Ursache der Erkrankung sein kann.

Mit etwas mehr Berechtigung könnte man schon die Behauptung aufstellen, daß der Erreger ein in der Außenwelt gedeihender, bei bestimmten Temperaturen virulent werdender Mikroorganismus sei, der im Körper vielleicht nur in den inneren Organen vegetiert und nicht mit den Sekreten ausgeschieden wird. Fand doch schon Robert Koch bei seinen klassischen Versuchen über den Milzbrand, daß die „miasmatische" Erkrankung der Herden auf den Weiden allein durch die Aufnahme des dort dank seiner sehr resistenten Sporen fortlebenden Milzbrandbazillus zu erklären war.

Gegen eine derartige Infektion durch einen bestimmten (aërob oder anaërob) vielleicht auch nur in den Organen der Erkrankten gedeihenden Saprophyten sprechen aber unseres Erachtens die bisher bei Sektionen erhobenen, völlig untereinander abweichenden, häufig auch negativen Befunde.

Mit der weiteren Annahme eines stark toxisch wirkenden Bazillus ist der Umstand, daß das Blutserum der Schwerkranken für Tiere völlig ungiftig war, schlecht zu vereinbaren.

Dagegen würde — falls die Übertragungsmöglichkeit auf Affen sich bestätigt — hier ein Beweis dafür erbracht sein, daß ein mit unseren mikrobiologischen Methoden nicht nachweisbares Virus in Betracht kommt, von dem man annehmen müßte, daß es den infizierten Körper nicht oder in nur avirulenter Form verläßt.

Leider wurde uns durch das Erlöschen der Epidemie die Möglichkeit abgeschnitten, exaktere und wiederholte Übertragungsversuche anzustellen.

Nun sind aber bei den Epidemien von Weilscher Krankheit außer dem „streng lokal gebundenen" Vorkommen und der „Nichtkontagiosität des Virus" noch zwei Tatsachen, die sich regelmäßig bei allen Epidemien bemerkbar gemacht haben, von großer Bedeutung, nämlich

1. daß die Epidemien nur zu bestimmten Jahreszeiten in den bestimmten Garnisonen auftreten, während

2. gleichzeitig unter der Zivilbevölkerung derartige Erkrankungen überhaupt nicht oder wenigstens nicht in gehäufter und auffallender Weise beobachtet werden.

Die letztgenannte Beobachtung wurde früher in Magdeburg und Breslau und auch jetzt in Hildesheim gemacht, hat aber doch keine generelle Gültigkeit für alle Epidemien, abgesehen davon, daß, wie Oberstabsarzt Dr. Hobein nachträglich mitteilt, auch im letzten Jahr in der Zivilbevölkerung Hildesheims Fälle von fieberhafter Gelbsucht — wenn auch nur vereinzelt — neben gehäuften Magendarmkatarrhen in Behandlung gekommen sind.

Die von uns festgestellte Tatsache, daß bei der letzten Epidemie nur die Leute, welche bis zu ihrer Erkrankung angestrengt geschwommen hatten, schwer erkrankten — wir konnten ähnliche Erscheinungen auch bei den anderen Epidemien von „Weilscher Krankheit" nachweisen und sahen die gleiche Beobachtung schon bei den früheren „Ikterusepidemien" konstatiert — macht es für uns sehr wahrscheinlich, daß auch unter der Zivilbevölkerung die Krankheit vorkommt, dabei aber meistens leicht verläuft und als Weilsche Krankheit nicht erkannt wird. Daß schwerarbeitende Leute im besten Mannesalter indessen auch in Zivilberufen gleichfalls schwer erkranken können, zeigt das unverhältnismäßig starke Hervortreten der Fleischer unter den Kranken.

Man könnte unter Berücksichtigung der epochemachenden Untersuchungen R. Kochs über die Malaria-Immunität der Eingeborenen in Neu-Guinea auch daran denken, daß in den Gegenden, wo die Weilsche Krankheit einheimisch ist, mit einer gewissen Immunität der Eingesessenen zu rechnen ist. Hierfür sprachen auch Beobachtungen, die Pick bei dem klinisch und epidemiologisch ähnlichen „Pappatacifieber" anstellen konnte. Vielleicht erfolgen bei den Einheimischen die Infektionen schon in der Kindheit und verlaufen dann sehr leicht ohne erkannt zu werden. Sah doch z. B. Hennig bei seinen „Hausepidemien" die Kinder den infektiösen Ikterus ambulatorisch durchmachen[1]).

---

1) Ikterusepidemien bei Kindern sind von Flesch, Nicolaysen u. a. beschrieben. Ob alle bei Säuglingen und Kindern beobachteten und mit Gelbsucht verlaufenden Infektionen mit der Weilschen Krankheit identisch sind, erscheint uns fraglich.

Es wäre also direkt an gewisse Sommerkrankheiten der Säuglinge und Kinder zu denken, die z. T. eine derartige leichte Form des Morbus Weilii (in unserem Sinne) sehr wohl darstellen könnten. Bisher ist jedenfalls die Ätiologie vieler dieser „Sommerfieber" bei den Kindern noch sehr unklar.

Die andere Tatsache dagegen, daß nur zu bestimmten Jahreszeiten Epidemien an Weilscher Krankheit auftreten, ist so häufig beobachtet, daß an ihr nicht zu zweifeln ist.

Wie nun aus unseren Tabellen hervorgeht, sind sämtliche Epidemien im Hochsommer beobachtet. Ein Zusammenhang der Infektion mit der sommerlichen wärmeren Jahreszeit erscheint also a priori sehr wahrscheinlich. Schon Kirchner machte bei den Breslauer Epidemien im Jahre 1888 auf die damalige außergewöhnliche Hitze aufmerksam.

Aus unseren Temperaturkurven geht allerdings hervor, daß es nicht immer der heißeste Monat ist, in dem die Epidemie auftritt, sondern daß der Beginn der Erkrankungen häufig erst in dem Monat stattfindet, der dem heißesten folgt. Regelmäßig hat aber die Temperatur beim Ausbruch Weilscher Krankheiten bereits im voraufgegangenen Monat eine bestimmte Höhe erreicht gehabt.

Diese Tatsache drängt nun unserer Ansicht nach geradezu zu einem Vergleich mit den ähnlichen Verhältnissen bei der Malaria. Allerdings läßt sich dieser Vergleich hinsichtlich der Armee für die letzten Jahre, aus denen unsere Angaben über die Weilsche Krankheit stammen, leider nicht zahlenmäßig durchführen. Die Hauptzugänge der Erkrankungen an Malaria in der Armee beruhen nämlich seit Jahren nicht auf Infektionen in Deutschland, wo außer in Emden, Wilhelmshaven und Umgegend Malariaherde nicht mehr existieren dürften, sondern auf Ansteckungen, die im Auslande (Kolonien, Fremdenlegion) akquiriert wurden.

So war von 19 im Bericht 1905/06 näher berichteten Erkrankungen 9 Mal die Infektion überseeischen Ursprungs, während nach dem Bericht 1906/07 von 10 Fällen 2 früher in Südwestafrika und 1 in Tonkin Malaria durchgemacht hatten. Im Bericht 1907/08 war unter 14 Erkrankungen nur 2 Mal die Ansteckung in Deutschland erfolgt. Dagegen möchten wir an die alten Malariaarbeiten des Marinegeneralarztes Dr. Wenzel erinnern, der schon vor der Entdeckung des Malariaparasiten fand, daß die Temperatur für das Auftreten des Wechselfiebers in Wilhelmshaven von ausschlaggebender Bedeutung war. Der Höhepunkt der Malariazugänge fiel ausschließlich auf den

Monat, welcher dem Höhepunkt der Jahrestemperatur folgte (vergl. Ruge im Handbuch der pathogenen Mikroorganismen von Kolle und Wassermann).

Auch in der Armee ist früher regelmäßig die Akme der Malariaerkrankungen in den Sommermonaten, speziell im Juni und Juli beobachtet worden. So gingen z. B. im Rapportjahre 1879/80 auf 10000 Mann Iststärke an Malaria zu:

im April	rund	15	Erkrankungen,
„ Mai	„	30	„
„ Juni	„	40	„
„ Juli	„	39	„
„ August	„	26	„
„ September	„	17	„
„ Oktober	„	10	„
„ November	„	6	„
„ Dezember	„	4	„

Daß im Juni und Juli auch jetzt noch die Hauptzahl der Zugänge an Malaria in Deutschland (speziell Wilhelmshaven und Umgegend), ebenso wie zu den Zeiten, als der Marinegeneralarzt Dr. Wenzel seine klassischen Untersuchungen anstellte, beobachtet werden, zeigen die Untersuchungen von Mühlens.

Nach der Zeit der Ermittelung verteilten sich im Jahre 1907 in Bant, Heppens, Neuende und Wilhelmshaven die Malariazugänge auf die einzelnen Monate des Jahres in folgender Weise (wobei allerdings zu berücksichtigen ist, daß der eigentliche Beginn der Erkrankungen früher lag):

Mai	. . . 2		August	. . . 25
Juni	. . . 51		September	. . 12
Juli	. . . 62		Oktober	. . . 5.

Einen Vergleich 1. der Zugänge an Malaria in der Armee (auf 10000 Mann Iststärke berechnet) in dem Rapportjahr 1879/80 und 2. der in Bant und Umgegend im Jahre 1907 in den einzelnen Monaten ermittelten Malariaerkrankungen gestattet die Kurve auf Seite 77.

Für die Epidemie in Hildesheim 1910 und Bromberg 1908 konnten wir neben der Niederschlagshöhe in Millimetern (monatlicher Durchschnitt) die genauen Temperaturgrade (tägliche bzw. fünftägige Durchschnittszahlen) in den in Frage kommenden Sommermonaten feststellen (siehe Tabellen S. 78/79). Dabei zeigt sich gleichmäßig, daß dem Ausbruch der Epidemie jedesmal eine mehrtägige Hitzewelle voraufging. Diese setzt in Bromberg mit dem 21.—25. Mai ein und erreicht Anfang Juni ihren Höhepunkt. Die erste Erkrankung erfolgte Anfang (7.) Juni. Bei der Hildesheimer Kurve sehen wir einen ähnlichen hohen Temperaturanstieg vom 20.—25. Juni, während die ersten Zugänge gegen Mitte Juli erfolgten.

Von der hinsichtlich ihrer Epidemiologie mit am besten bekannten Krankheit, die durch Insekten übertragen wird, der Malaria, wissen wir nun nicht allein, daß sie nicht kontagiös ist, daß sie mit Vorliebe an bestimmten Orten vorkommt und von der Temperatur abhängig ist, sondern weiter noch, daß ein bestimmter Grad von Feuchtigkeit für die Entwickelung der Malariafieber notwendig ist, und daß in den

	April	Mai	Juni	Juli	August	Sept.	Okt.	Novb.	Dezb.
Armee ----	15 ‰	30	40	39	26	17	10	6	4
Bant ——		2	51	62	25	12	5		

Tropen die höchste Malariasterblichkeit der höchsten Regenhöhe im Abstand von etwa 1 Monat folgt.

In ähnlicher Weise wird auch in den Berichten der einzelnen Lazarette über die Epidemien von Weilscher Krankheit mehrfach hervorgehoben, daß starke Niederschläge dem Ausbruch der Epidemie voraufgegangen seien oder ihn begleitet hätten. Durch diese Niederschläge sollten die vermeintlichen Krankheitserreger (Bazillen) nach Ansicht der Berichterstatter in die betreffenden Flußwässer gespült sein und so zum Ausbruch der Epidemie beigetragen haben. Man wird aber nach dem Beispiele der Malaria mit gerade soviel und mehr

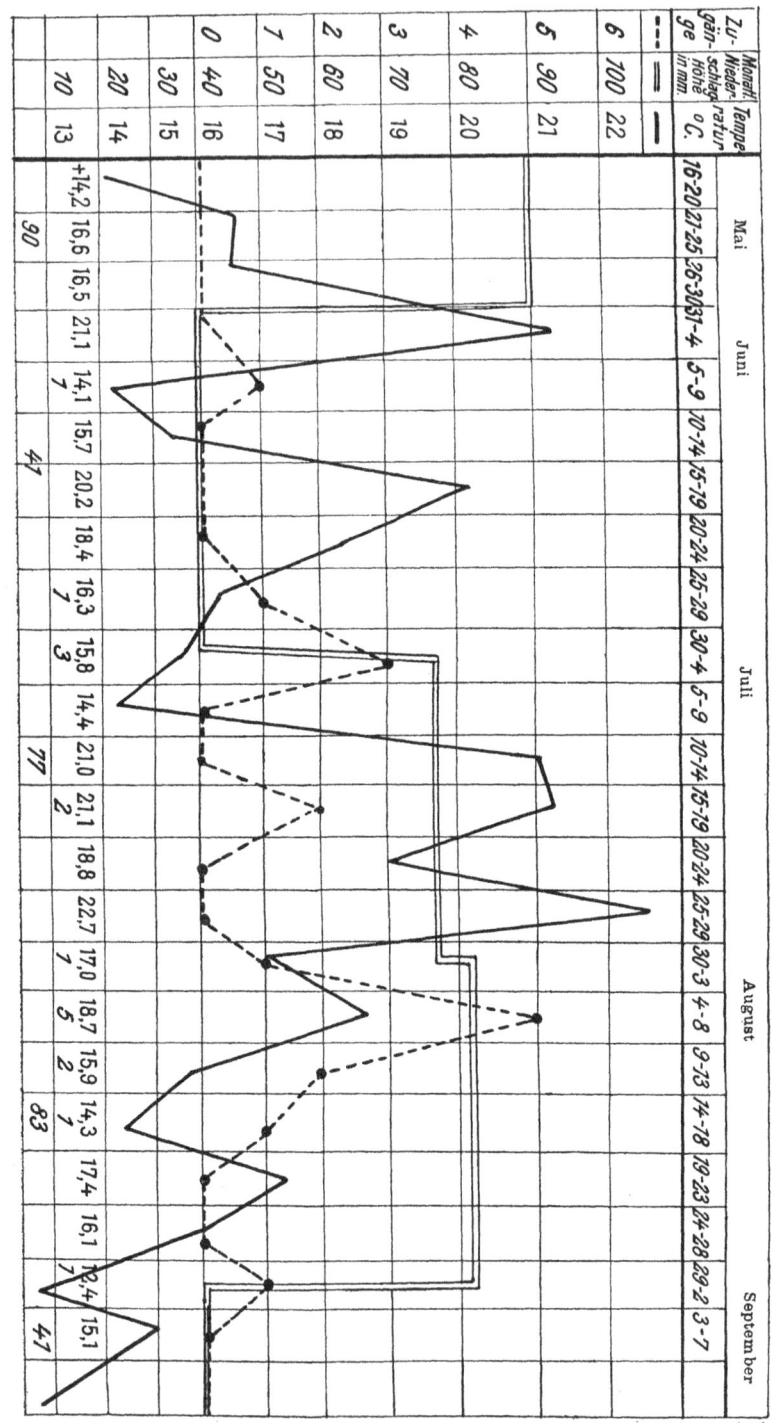

Bromberg 1908 (fünftägige Mittel).

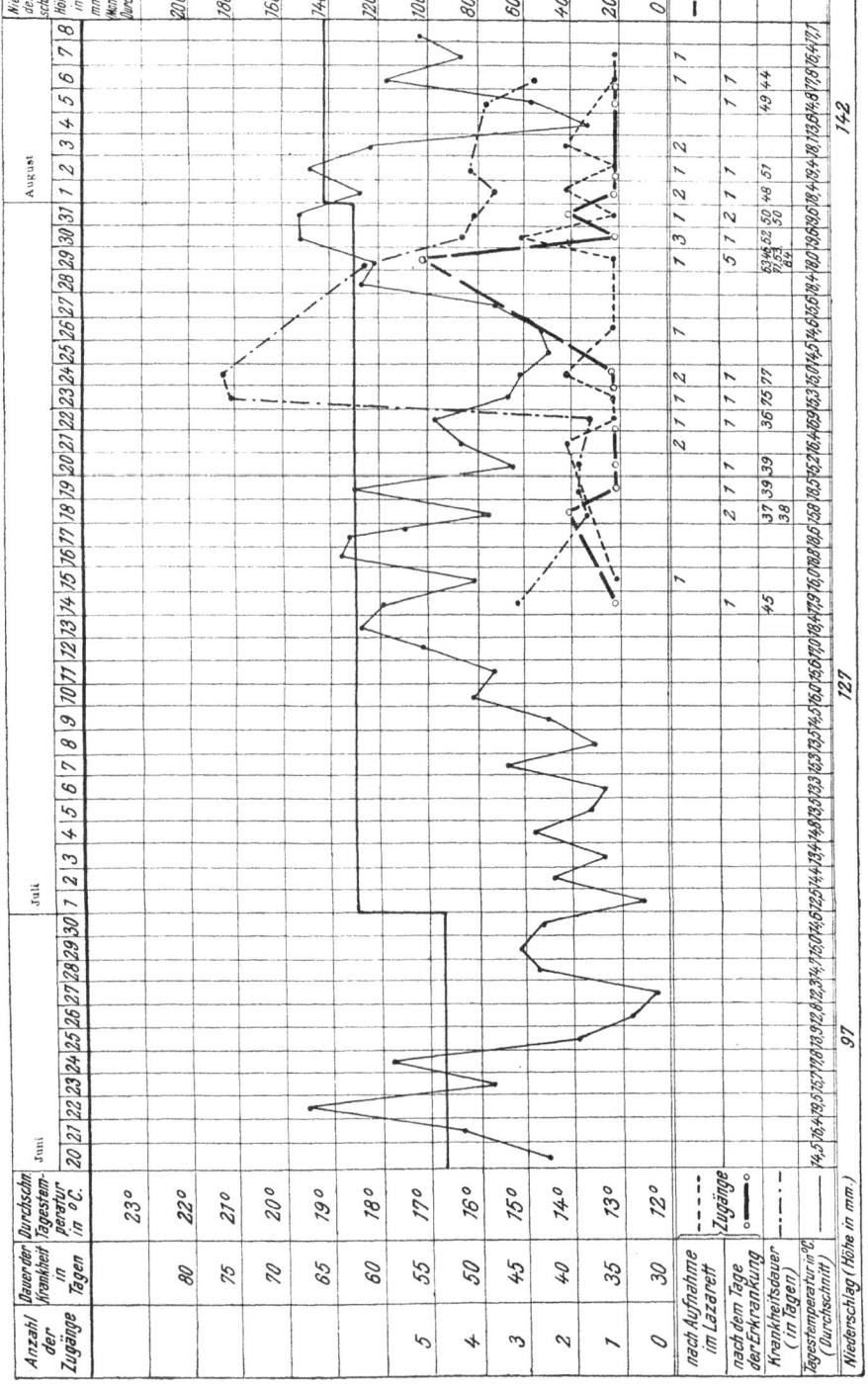

Epidemie Hidesheim 1910.

Berechtigung annehmen können, daß eine gewisse erhöhte Feuchtigkeit für die Entwickelung der Erreger bzw. für die genügende Vermehrung ihrer Zwischenträger erforderlich war.

Der Umstand, daß die Weilsche Krankheit in einzelnen Jahren fast gar nicht, in anderen wieder (in mehreren Standorten) gehäuft auftrat, gab uns Veranlassung, die einzelnen Jahre hinsichtlich ihrer Sommerwärme näher zu vergleichen. Dabei ergab sich, daß die Jahre, in denen diese Epidemien (1897, 1899, 1900, 1908 und 1910) beobachtet waren, meist nach einer heißen Vorperiode im Mai, warme Sommer brachten.

Von dem zwischen den beiden erstgenannten Epidemien liegenden Jahre 1898 war nach den Berichten des Kgl. Preuß. meteorolog. Instituts der Mai „naß, nicht gerade warm", der Juni „mäßig warm", der Juli „ungewöhnlich kühl".

Ebenso ist die Sommerwitterung in den Jahren 1902 und 1903, in denen nach den Sanitätsberichten nur vereinzelte Fälle von Weilscher Krankheit vorgekommen sind, in den Witterungsberichten des Instituts als „kühl, trübe und zum Teil unfreundlich" bezeichnet. Das Jahr 1904 war dagegen „außerordentlich trocken".

Wir sehen also, daß in der Tat zwischen der Weilschen Krankheit und der uns wohl bekannten, durch Insekten übertragenen Malaria in epidemiologischer und meteorologischer Hinsicht eine Reihe von Übereinstimmungen besteht.

Auch hinsichtlich des Gelbfiebers sahen wir bezüglich der klinischen Symptome eine nahe Verwandtschaft, die sogar ganz besonders weitgehend erscheint, wenn man bedenkt, daß französische Autoren [Béranger-Féraud u. a.[1])] in Franz. Guyana ein mit dem echten Gelbfieber ätiologisch identisches, aber gutartiges Fieber (Fièvre inflammatoire) beobachtet haben, mit dem man klinisch unsere Weilsche Krankheit in schweren Fällen sehr gut in Analogie setzen kann.

Aber wir brauchen garnicht so weit zu gehen, um eine lokal und nur im Sommer auftretende, nicht kontagiöse Krankeit kennen zu lernen, für die die Übertragung durch Insekten[2]) experimentell bewiesen ist.

---

1) nach Marchoux et Simond.

2) Die Übertragung der Weilschen Krankheit durch Insekten würde ihr gehäuftes Vorkommen bei Fleischern sehr gut erklärlich machen, da doch bestimmte blutsaugende Insekten Mensch und Tier in gleicher Weise anfallen. Es sei hier nur an die Stechfliegen und die Kriebelmücken erinnert. Im übrigen waren nach Werther außer vielen Fleischern unter den Patienten Fiedlers auch 4, die, ohne Fleischer zu sein, nur auf dem Dresdener Zentralschlachtviehhof

Von den österreichischen Militärärzten ist in Dalmatien und der Herzegowina ein Fieber beobachtet, das in jüngster Zeit erhöhtes Interesse gewonnen hat, die sogenannte „Hundskrankheit". Über diese eigentümliche akute Infektionskrankheit schreibt Doerr:

„In vielen warmen Ländern kennt man seit längerer Zeit eigentümliche Krankheitsformen, welche alljährlich während der heißen und trockenen Sommermonate epidemische Ausbreitung gewinnen, in der kalten oder regnerischen Periode jedoch völlig verschwinden. Sie sind sämtlich charakterisiert durch ein meist akut einsetzendes hohes Fieber, das in der Regel nur 3 Tage währt, durch starke Schmerzen in den Augäpfeln, den Lenden und den unteren Extremitäten, durch die hochgradige Prostration, sowie durch eine im Verhältnis zur eigentlichen Krankheitsdauer recht protrahierte Rekonvaleszenz. Hierzu gesellen sich als mehr inkonstante Symptome Störungen von seiten des Digestionstraktus, wie Anorexie, Erbrechen, Diarrhöen, in manchen Fällen wohl auch flüchtige, polymorphe Exantheme.

Die Schwere des Krankheitsbildes kontrastiert stets mit der kurzen Dauer der fieberhaften Erscheinungen und mit der ausgesprochenen Gutartigkeit des Prozesses, dessen Mortalität trotz der Masse der Befallenen fast Null ist.

Es existiert eine Unzahl von Benennungen für diese Krankheitsgruppe. In Italien spricht man von Sommerfieber, klimatischem Fieber, wohl auch von Sommerinfluenza oder malarischer Influenza, in den Tropen und Subtropen von Dengue, Drei-Tage-Fieber, fieberhaftem Rheumatismus, Insolationsfieber, in Indien vom seven-day-fever oder simple continued fever, in anderen Gegenden wieder hat man den Namen vom Ort des Auftretens abgeleitet, daher die Bezeichnung Chitralfieber, Shanghaifieber u. dergl.[1]).

Ich vermag nicht zu entscheiden, ob alle diese Krankheiten tatsächlich identisch sind, da mir eigene Erfahrungen über dieselben mangeln. Ich hatte jedoch Gelegenheit, eine hierhergehörige Infektionskrankheit zu studieren, und möchte darüber kurz berichten.

Auch in Österreich hat man nämlich solche epidemischen Sommerfieber beobachtet und bereits vor Jahrzehnten beschrieben. Besonders war es A. Pick, der ihr Auftreten in der Südherzegowina und im dalmatinischen Litorale schon 1886 konstatierte. Pick, damals junger Militärarzt, erkannte ganz richtig, daß vorzugsweise jene Truppen ergriffen werden, welche den ersten Sommer in diesen Bezirken stationiert sind, und gelangte durch eine sorgfältige Analyse der klinischen Symptome zu der Ansicht, daß es sich hier um eine Infektionskrankheit sui generis handeln müsse. In der Soldatensprache hatte sich für den Prozeß die merkwürdige Bezeichnung „Hundskrankheit"[2]) eingebürgert, wohl wegen der enormen

---

vor der Erkrankung gearbeitet hatten. Ferner waren nach dem Journal der Fleischer-Krankenkasse dort im Jahre 1886—87 neben 7 Fleischergesellen 3 Viehhändler und 3 Viehkommissare als an Icterus febrilis oder Icterus gravis erkrankt geführt.

1) Nach den Untersuchungen C. Birts (Zentralbl. f. Bakt. Bd. 38. 1911) würde auch das Sandfliegenfieber auf der Insel Malta hierzu gehören.

2) Die Bezeichnung „Hundskrankheit" ist nach den österreichischen Autoren von „auf den Hund kommen" abzuleiten. Sollte sie nicht damit in Beziehung zu bringen sein, daß diese Krankheit gerade in den „Hundstagen" (23. 7. bis 23. 8.) auftritt?

Hinfälligkeit und der psychischen Depression, welche fast bei allen Kranken in den Vordergrund tritt; offiziell sprach man im Okkupationsgebiet von „endemischem Magenkatarrh."

Nachdem wir oben gezeigt haben, daß der vollausgesprochene „Weilsche Symptomenkomplex" nur bei einer Anzahl von Fällen zu Epidemiezeiten ausgeprägt ist und daß die übrigen oft viel leichter, zum Teil auch unter dem Bilde eines „akuten Magenkatarrhs" verlaufen können und auch als solcher oft direkt bezeichnet werden, liegt naturgemäß die Vermutung nahe, daß auch unser „Sommerfieber" mit der „Hundskrankheit" ätiologisch verwandt ist.

Bei letzterem ist nun die Ätiologie völlig geklärt.

Im Sommer 1908 wurde vom österreichischen Kriegsministerium eine Kommission zum Studium dieser Krankheit entsandt, der auch Doerr angehörte. Diesem gelang es durch einwandfreie Versuche unter anderem zu zeigen:

1. daß das Virus der „Hundskrankheit" nur am 1. Krankheitstage im Blut zirkuliert,

2. daß schon am 2. Tage das Blut avirulent ist,

3. daß die von Taussig vermutete Übertragung der „Hundskrankheit" durch blutsaugende Insekten in der Tat stattfindet und

4. daß eine von Taussig als Überträger supponierte, in der Südherzegowina und in Dalmatien häufig vorkommende Dipterenart, welche dort „Pappataci" benannt wird und zu den Psychodideen (Schmetterlingsmücken) gehört, wirklich auch die Krankheit überträgt.

Nach einer jüngst erschienenen Arbeit von Tedeschi und Napolitani (Experimentelle Untersuchungen über die Ätiologie des „Sommerfiebers", Zentralbl. f. Bakteriologie. 1911. Bd. 57. H. 3) ist auch in Italien ein besonders das Militär heimsuchendes „Sommerfieber" („male della secca") bekannt, das klinisch der „Hundskrankheit" völlig gleicht. Die genannten Autoren konnten

1. das — klinisch stets leicht verlaufende — Fieber durch Injektionen filtrierten Blutes von Kranken direkt auf Affen und Menschen überimpfen und

2. die Infektion auch indirekt durch infizierte Pappataci, welche an Kranken zuvor Blut gesogen hatten, auf Gesunde übertragen.

Diese Feststellungen können unserer Ansicht nach die von uns vertretene Hypothese, daß auch die sogenannte „Weilsche Krankheit" durch bestimmte Insekten übertragen wird, nur bekräftigen.

Welche spezielle Art Insekten den Infektionskeim überträgt, das läßt sich mit einiger Sicherheit noch nicht angeben. Im Gegensatz

zu den „abendlichen" und „nächtlichen" Infektionen durch die
Anopheles-Mücke bei der Malaria, die Stegomyia beim Gelbfieber und die
Pappataci-Mücke bei der Hundskrankheit sprechen unsere Beobachtungen (Erfahrungen in Hildesheim, Literaturangabe S. 34) eher dafür, daß die Infektion bei der Weilschen Krankheit am Tage erfolgt.

Wir möchten zum Schluß daran erinnern, daß auch bereits von
anderer Seite hin und wieder auf den Zusammenhang von Ikterus mit
Insektenstichen hingewiesen ist.

So schreibt Bauermeister: „In der Literatur wenig bekannt, aber bei
betreffendem Beobachtungsmaterial nicht entsprechend selten angetroffen wird
eine Erkrankung der Verdauungswege, die durch den Stich von Insekten eingeleitet
wird. Besucher von Seebädern werden im Anschlusse an Mücken- und Schnaken-
stiche zuweilen von einer mehr oder minder ausgebreiteten Urtikaria befallen, die
begleitet ist oder der bald folgt ein mit allgemein dyspeptischen Erscheinungen verbundener Magenkatarrh. Über die wirklich katarrhalische Natur dieser
Affektion läßt wenigstens ein nicht selten auftretender (zweifellos duodenal-katar-
rhalischer) Ikterus der Skleren und später der Haut keinen Zweifel bestehen".
Wechselwirkungen zwischen Magendarmtraktus und der äußeren Haut seien bekannt,
so führt Bauermeister weiter aus und betont, daß das primär auslösende Moment in der Haut selbst liege, und daß die Magen-Darmaffektion der Erkrankung·
der Haut erst folge.

Wir halten diese Mitteilung über „Insektenstich-Ikterus" auch
aus dem Grunde für interessant, weil auch wir in der Tat anzunehmen
geneigt sind, daß bei vielen der bisher ätiologisch so rätselhaften
„Sommerdiarrhoen" und „Magendarmkatarrhe" primär oft nicht durch
Bakterien erzeugte Infektionen vorliegen, sondern durch bisher unbekannte Erreger verursachte Krankheitszustände. Vielleicht handelt
es sich dabei zum Teil lediglich um ganz leicht verlaufende Infektionen mit dem gleichen bisher unbekannten Virus, das wir als den Erreger der Weilschen Krankheit annehmen und dem wir eine Verbreitung durch Insekten supponieren.

Zum Schlusse müssen wir noch mit kurzen Worten auf die
Forderungen zurückkommen, die sich aus unseren Schlußfolgerungen
für die Prophylaxe ergeben. Denn selbst wenn der strikte Beweis,
daß die Infektion bei der Weilschen Krankheit durch Zwischenträger
(Insekten) verbreitet wird, noch aussteht, so dürften unsere Argu-
mente zum mindesten doch dazu zwingen, mit der Möglichkeit einer
solchen zu rechnen.

Daß von den meist üblich gewesenen Desinfektionsmaßnahmen abgesehen werden kann, scheint uns nicht fraglich. Andererseits wird die Notwendigkeit prophylaktischer Maßnahmen nicht
bestritten werden können, wenngleich das Leiden eine immerhin
gute Prognose gestattet (von 77 Erkrankten starben 2, siehe Tabelle

S. 45). Indessen erfordert der langwierige und die Kranken sehr mitnehmende Krankheitsverlauf unbedingt rationelle Schutzmaßregeln gegen die Infektion.

Diese werden sich im allgemeinen in ihren Grundzügen nach den Prinzipien zu richten haben, welche für die Prophylaxe der Malaria, des Gelbfiebers und der Hundskrankheit gelten.

Wenn wir auch die eigentlichen Zwischenträger bei der Weilschen Krankheit nicht kennen, so geht aus unserem Tatsachenmaterial doch hervor, daß als Überträger Insekten in Betracht kommen müssen, die an Flüssen, Gräben, Abzugskanälen usw. sowie in der Nähe von Tieren leben und hauptsächlich am Tage stechen. Wir werden daher darauf achten müssen, daß die Badeanstalten nach Möglichkeit frei von Insekten gehalten werden und nicht in der Nähe von Büschen, Sümpfen und Pflanzen liegen, die den Insekten als Brutstätte und Aufenthaltsort dienen können. Ebenso muß die Nähe viel begangener Promenadenwege vermieden werden.

Wie bei allen anderen Infektionskrankheiten, so wird auch hier die frühzeitige Ermittelung der ersten Fälle von Bedeutung sein. Dabei ist zu berücksichtigen, daß (wie wir an anderer Stelle schon betont haben) die Erkrankungen im Anfang einer Epidemie sehr leicht verlaufen können. Man wird in Zukunft im Sommer gehäuft auftretenden akuten Magenkatarrhen nach dieser Richtung hin größere Bedeutung beimessen und vielleicht auch den unter dem Bilde eines einfachen katarrhalischen Ikterus verlaufenden Erkrankungen mehr Beachtung schenken müssen.

Sind Fälle von Weilscher Krankheit festgestellt, so sind sie in insektenfreien Kränkenzimmern unterzubringen, und der Badebetrieb und Schwimmunterricht ist einzustellen.

Für den Fall, daß der Zusammenhang der Erkrankungen mit dem Aufenthalt in den Bade- bzw. Schwimmanstalten erwiesen wird, kommt die Verlegung der Badeanstalt an einen geeigneteren Ort in Betracht, falls eine Sanierung ihrer Umgebung durch Abholzen, Trockenlegung u. dgl. nicht sicher möglich ist.

Eine bestimmte persönliche Prophylaxe muß darauf beruhen, daß die badenden Mannschaften über die Bedeutung der Insektenstiche belehrt werden.

VIII. Schlußsätze.

1. Die sogenannte „Weilsche Krankheit" ist eine fast ausschließlich in der heißen Jahreszeit auftretende akute Infektionskrankheit. Sie ist nicht kontagiös.

2. Sie verläuft unter einem charakteristischen Krankheitsbilde;
   doch sind in den einzelnen Fällen und bei den verschiedenen Epidemien die Symptome sehr verschieden
   ausgeprägt.
3. Besonders im Anfang und am Ende der Epidemie sieht man
   meist einzelne leichte, mit geringem oder atypischem Fieber
   verlaufende Fälle. Der völlig ausgebildete „Weilsche
   Symptomenkomplex" findet sich nur auf der Höhe der Epidemie bei Leuten, die bis zu ihrer Erkrankung, also während
   der Inkubation, angestrengt geschwommen oder gearbeitet
   haben.
4. Der noch unbekannte Erreger der Krankheit ist durch sein
   streng lokales Vorkommen ausgezeichnet und mit großer
   Wahrscheinlichkeit kein züchtbares Bakterium, sondern
   ein sich außerhalb des Körpers entwickelnder, speziell ein durch
   Zwischenträger (Insekten) verbreiteter Mikroorganismus.

   Wahrscheinlich handelt es sich dabei um ein invisibles
Virus.

IX. Literatur.

(In dem folgenden Verzeichnisse sind auch alle diejenigen Arbeiten betr. die
Weilsche Krankheit aufgenommen, welche uns nur in Referaten bzw. Zitaten zur
Verfügung standen.)

Alfermann, Über einen Fall von infektiösem Ikterus oder Weilscher Krankheit
nebst Betrachtungen über das Wesen desselben. Deutsche militärärztliche
Zeitschr. 1892. Bd. 21.

Aufrecht, Die akute Parenchymatose, ein Beitrag zur Kenntnis der neuen Infektionskrankheit Weils. Deutsch. Arch. f. klin. Med. 1887. Bd. 40.

Aufschlager, Über die Weilsche Krankheit und die Stellung der Nierenerkran-
kung unter ihren Symptomen. Dissertation. Straßburg i. E. 1900.

Banti, Ein Fall von infektiösem Icterus levis. Deutsche med. Wochenschrift.
1895. Bd. 31.

Derselbe, Die Proteusarten und der infektiöse Ikterus. Deutsche med. Wochenschrift. 1895. Nr. 44.

Bärensprung, Beiträge zur Pathologie und Diagnostik der Lebererkrankungen.
Deutsche milit.-ärztl. Zeitschr. 1891.

Bar et Rénon, Ictère grave chez un nouveau-né atteint de syphilis hépatique
paraissant dû au Proteus vulgaris. La semaine méd. 1895. No. 27.

Bauermeister, Über Insektenstichikterus usw. Therapeut. Monatshefte. 1904.
Jahrg. 18.

Bergeron (Carville), Epidémie d'ictère typhoïde dans la prison de Gaillon en
1859. L'Union. 1862. 132.

Bordoni-Uffreduzzi, Über den Proteus hominis capsulatus. Zeitschr. f. Hyg.
u. Infektionskrankh. 1888. Bd. 3.

Bosc et Guérin-Valmate, De la signification critique de la rechûte dans la soit-disant maladie de Weil. Progrès méd. 1894. T. 22.

Brodowski und Dunin, Ein Fall der sog. Weilschen Infektionskrankheit mit letalem Ende. Deutsch. Arch. f. klin. Med. 1888. Bd. 43.

Brosch, Ein Fall von Herztuberkulose mit typischem Weilschen Symptomenkomplex. Ein kasuistischer Beitrag zur Frage der Einheit der Ätiologie des von Weil beschriebenen Krankheitsbildes. Wiener med. Presse. 1896· Bd. 37.

Brüning, Über infektiösen, fieberhaften Ikterus (Morbus Weilii) im Kindesalter, zugleich ein Beitrag zur Pathogenese des Bacillus proteus fluorescens. Deutsche med. Wochenschr. 1904. Nr. 35.

Chauffard, Contribution à l'étude de l'ictère catarrhal. Revue des méd. 1885· Vol. 1.

Cheron, P., La maladie de Weil. Union méd. 1889 et Gaz. de hôpit. 1891.

Conradi und Vogt, Ein Beitrag zur Ätiologie der Weilschen Krankheit. Zeitschr. f. Hygiene u. Infektionskrankh. Bd. 37.

Cramer, Fieberhafter Ikterus mit Nephritis und Milzschwellung (Weilsche Krankheit) infolge von Santoninvergiftung. Deutsche med. Wochenschr. 1889.

Diamantopulos, Über den Typhus icterodes von Smyrna. Wien u. Leipzig. 1888.

Doerr, Über ein neues invisibles Virus. Berl. klin. Wochenschr. 1908. Nr. 41.

Doerr, Franz und Taussig, Das Pappatacifieber. Leipzig u. Wien. 1909.

Ducamp, Une petite épidémie d'ictère infectieux. Revue de méd. 1890. Bd. 10.

Düms, Handbuch der Militärkrankheiten. Leipzig. 1899.

Eckardt, Widalsche Serumreaktion bei Weilscher Krankheit. Münch. med. Wochenschr. 1902. Nr. 27.

Eltester, Ein Beitrag zur Weilschen Krankheit. Deutsche milit.-ärztl. Zeitschr. 1907.

Enberg, Th., Über die Weilsche Krankheit. Inaug.-Diss. Berlin. 1897.

Eudes, Considérations cliniques et étiologiques sur une série des cas d'ictère. Arch. de méd. et pharm. milit. 1883. Vol. 1.

Fiedler, Zur Weilschen Krankheit. Deutsch. Arch. f. klin. Med. 1888. Bd. 42.

Derselbe, Weitere Mitteilungen über die Weilsche Krankheit. Nebst Bericht über die pathologisch-anatomische und bakteriologische Untersuchung eines Falles dieser Krankheit von Dr. F. Neelsen. Deutsch. Arch. f. klin. Med. 1892. Bd. 50.

Flesch, Beitrag zum Icterus infect. epidem. im Kindesalter. Ref. Zentralbl. 1905. Bd. 36.

Fraenkel, A., Zur Lehre von der sogenannten Weilschen Krankheit. Deutsche med. Wochenschr. 1889. Bd. 15.

Derselbe, Weilsche Krankheit. Eulenburgs Realenzykl. III. Aufl. Bd. 26.

Frantisek-Sumbera, Sbornik Lékarsky. 1890. Bd. 3.

Freund, Über Icterus febrilis sive infectiosus (Weil, Wassilieff). Wiener med. Wochenschr. 1893. Bd. 43.

Freyhan, Ein Überblick über den gegenwärtigen Stand der Weilschen Krankheit. Berliner Klinik. 1894. Heft 68.

Fröhlich, Über Ikterusepidemien. Deutsch. Arch. f. klin. Med. 1879. Bd. 24·

Gerhardt, Icterus gastro-duodenalis. Volkmanns klinische Vorträge.

Giani, Über 3 Fälle von infektiösem Ikterus. Ref. Zentralblatt für Bakteriologie. 1907. Bd. 40.

Globig, Über eine Epidemie bei der III. Matrosenartillerieabteilung im Sommer 1890. Deutsche militärärztl. Zeitschr. 1891.

Goldenhorn, Zur Frage über die Weilsche Krankheit. Berl. klin. Wochenschr. 1889. Jahrg. 26.

Goldschmidt, Ein Beitrag zur neuen Infektionskrankheit Weils. Deutsch. Arch. f. klin. Med. 1887. Bd. 40.

Derselbe, Die Weilsche Krankheit. Münch. med. Wochenschr. 1889.

Gotschlich, Spezielle Prophylaxe der Infektionskrankheiten. Handbuch der pathogenen Mikroorganismen von Kolle und Wassermann. Bd. 4.

Griesinger, Klinische und anatomische Beobachtungen über die Krankheiten von Ägypten. Arch. f. physiolog. Heilkunde. 1853.

Haas, Beitrag zur Infektionskrankheit Weils. Prager med. Wochenschr. 1887.

Heitler, Zur Klinik des Icterus catarrhalis. Wiener med. Wochenschr. 1887.

Hennig, Über epidemischen Ikterus. Volkmanns Samml. klin. Vortr. 1890. Nr. 8.

Herrenheiser, Zwei Fälle von Erkrankung des Auges bei Morbus Weilii. Prager med. Wochenschr. 1892. Bd. 17.

Hobein, Der epidemische Ikterus in der Armee. Obermilitärärztl. Prüfungsarbeit 1885 (Manuskript).

Hueber, Die neue Infektionskrankheit Weils in der Armee. Deutsche militärärztl. Zeitschr. 1888. Bd. 17.

Derselbe, Weitere Beiträge zu Weils fieberhafter Gelbsucht. Deutsche militärärztl. Zeitschr. 1890. Bd. 19.

Jaeger, Die Ätiologie des infektiösen fieberhaften Ikterus (Weilsche Krankheit). Ein Beitrag zur Kenntnis septischer Erkrankungen und der Pathogenität der Proteusarten. Zeitschr. f. Hygiene und Infektionskrankh. 1892. Bd. 12.

Derselbe, Der fieberhafte Ikterus, eine Proteusinfektion. Deutsche med. Wochenschrift 1895. H. 40.

Jehn, Eine Ikterusepidemie in wahrscheinlichem Zusammenhang mit vorausgegangener Revakzination. Deutsche med. Wochenschr. 1885.

Karlinski, Zur Kenntnis des fieberhaften Ikterus. Fortschritte der Medizin. 1890. Bd. 8.

Kartulis, Über das biliöse Typhoid. Deutsche med. Wochenschr. 1888.

Kelsch, De la nature de l'ictère catarrhal. Revue de médecine. 1886. Vol. 8.

Kirchner, Eine Epidemie von fieberhafter Gelbsucht in der Armee. Deutsche militärärztl. Zeitschr. 1888. Bd. 17.

Kisel, A. A., On infectious icterus among children. Med. Korresp. Moskau 1898.

Klein und Schütz, Beitrag zur Weilschen Krankheit. Wiener med. Wochenschr. 1898.

Klineberger, Klinische und kritische Beiträge zur Differenzierung pathogener „Proteusarten" und Beiträge zur Wertung der „Proteusagglutination". Zeitschr. f. Hygiene und Infektionskrankheiten 1908. Bd. 58.

Derselbe, Neue Beiträge zur Proteus- und Pyocyaneusimmunität. Zeitschr. für Immunitätsforschung und exper. Therapie. 1909. Bd. 2 (4—6).

Klingelhöffer, Kurze Bemerkung zur Ätiologie des epidemischen katarrhalischen Ikterus. Berl. klin. Wochenschr. 1877.

Knauth, Ein Beitrag zur Weilschen Krankheit. Deutsche med. Wochenschr. 1905. Nr. 50.

Köhnhorn, Über Gelbsuchtepidemien. Berl. klin. Wochenschr. 1877.

Landouzy, Fièvre bilieuse ou hépatique. — Typhus hépatique. Gazette des hôpitaux. 1883.

Langer, Über das Vorkommen der Spiroch. pallida in den Vakzinen bei kong.-syphilit. Kindern. Münch. med. Wochenschr. 1910. Nr. 38.

Lebert, Über Icterus typhoides. Virchows Archiv, Bd. VII/VIII.

Lebert und v. Ziemssens Handbuch der spez. Pathologie und Therapie. Bd. 2.

Leick, Drei Fälle von fieberhaftem infektiösem Ikterus. Deutsche med. Wochenschrift 1897. Bd. 23 (44—47).

Derselbe, Weiterer Beitrag zur Weilschen Krankheit. Deutsche med. Wochenschrift 1898. Bd. 24 (42).

Lührmann, Eine Ikterusepidemie usw. Berl. klin. Wochenschr. 1885.

Mathieu, Typhus hépatique bénin. Revue de médecine. 1886. Vol. 8.

Marchoux et Simond, Etudes sur la fièvre jaune. Ann. l'Inst. Pasteur. 1906. 20.

Münzer, Über Icterus infectiosus (Wassilieff) sive icterus febrilis (Weil). Prager Zeitschrift für Heilkunde 1892.

Nauwerk, Zur Kenntnis der fieberhaften Gelbsucht. Münch. med. Wochenschr. 1888. Bd. 35.

Neumann, Bemerkungen über die gewöhnliche Gelbsucht und ihr Vorkommen in Berlin. Deutsche med. Wochenschr. 1898.

Nicolaysen, Beobachtungen über epid. katarrh. Ikterus. Deutsche med. Wochenschrift 1904. Nr. 24,

Otto, M., Gelbfieber. Handbuch Kolle-Wassermann. 2. Ergänzungsband.

de Paoli und Gioelli, Klin.-bakt. Untersuchungen über Icterus gravis bei einer Schwangeren. Arch. f. Gynäkol. 1904. Bd. 73.

Pari, L., La Malattia del Weil. Riv. venet. di sc. med. 1890.

Pfaundler, Eine neue Form der Serumreaktion auf Koli- und Proteusbazillosen. Zentralblatt für Bakteriologie. Bd. 23.

Pfuhl, Typhus abdominalis mit Ikterus. Deutsche militärärztl. Zeitschr. 1888. Bd. 17.

Derselbe, Zur Geschichte der Weilschen Krankheit. Berl. klin. Wochenschr. 1891.

Picard, Ein Fall von Weilscher Krankheit. Berl. klin. Wochenschr. 1898.

Quincke, Icterus infectiosus, Weilsche Krankheit (Icterus gravis). Nothnagels Spez. Pathologie und Therapie. Bd. 18.

Richter, Ein Fall von Weilscher Krankheit mit Sektionsprotokoll. Deutsche med. Wochenschr. 1899.

Rizet, Epidémie d'ictère simple produite par le curage d'un fossé. Rév. de mém. de méd. militaires. 1867.

Rostocki, Agglutination von Typhusbazillen bei Weilscher Krankheit. Ref. Schmidtsche Jahrb. Bd. 293. 1909.

Roth, Ein Beitrag zur neuen Infektionskrankheit Weils. Deutsches Arch. f. klin. Med. Bd. 41. 1887.

Ruge, Malariaparasiten. Handb. Kolle-Wassermann. Bd. 1 u. 1. Ergänzungsband.

Sakamoto, Über zwei Fälle von Weilscher Krankheit. Inaug.-Dissert. Erlangen 1901.

Sandwich, Infektiöser Ikterus. Brit. med. Journ. 2281. Ref. Deutsche med. Wochenschr. Nr. 40. 1904.

Schaper, Ein Fall von fieberhaftem Ikterus. Beitrag zur Kenntnis der neuen Infektionskrankheit Weils. Deutsche militärärztl. Zeitschr. Bd. 17. 1888.

Schittenhelm, Über einen Fall von Weilscher Krankheit. Münch. med. Wochenschrift. 1902.

Schulte, Epidemische Erkrankungen an akutem Exanthem mit typhösem Charakter in der Garnison Cosel. Veröffentl. aus d. Geb. d. Mil.-San.-Wesens, Heft 4. Berlin 1893.

Schmidt, Über die Weilsche Krankheit mit besonderer Berücksichtigung ihres Auftretens in der Armee. Obermilitärärztliche Prüfungsarbeit. Berlin 1893. Bibliothek der Kaiser Wilh.-Akad.

Seggel, Die Krankenbewegung bei dem Königl. Bayer. I. Armeekorps während des deutsch-französischen Krieges 1870/71. Deutsche militärärztl. Zeitschr. Jahrg. 1. Heft 1. 1872.

Sésary, Un cas de maladie de Weil. Revue de méd. Vol. 10. 1890.

Soupault, Un cas d'ictère infectieux à rechute. Arch. gén. de méd. 1893.

Stadelmann, Weitere Beiträge zur Lehre vom Ikterus. Deutsches Arch. f. klin. Med. Bd. 43.

Statistische Sanitätsberichte über die Königl. Preuß. Armee usw. Bearbeitet von der Medizinal-Abteilung des Königl. Preuß. Kriegsministeriums.

Steinberg, Agglutination von Typhusbazillen durch das Blutserum Ikterischer. Münch. med. Wochenschr. 1904.

Stern, Über den Wert der Agglutination für die Diagnose des Abdominaltyphus. Berl. klin. Wochenschr. 1903.

Stirl, Zur Lehre von der infektiösen fieberhaften, mit Ikterus komplizierten Gastroenteritis (Weils Krankheit). Deutsche med. Wochenschr. Bd. 15. 1889.

Stitzer, Über Icterus epidemicus. Wiener med. Presse. 1876.

Strasser, Kasuistischer Beitrag zur Kenntnis der fieberhaften Gelbsucht. Deutsche med. Wochenschr. 1893.

Sumbera, Drei neue Fälle von Weilscher Krankheit. Schmidts Jahrb. 1890 (27).

Vierordt, Ein Beitrag zur fieberhaften Gelbsucht. Internationale klinische Rundschau. 1889.

Wagner, Zwei Fälle von fieberhaftem Ikterus (Weil). Deutsches Arch. für klin. Med. Bd. 40. 1887.

Wassilieff, Über infektiösen Ikterus. Wiener Klinik. 1889, Heft 8 und 9.

Weil, Ueber eine eigentümliche, mit Milztumor, Ikterus und Nephritis einhergehende, akute Infektionskrankheit. Deutsches Arch. f. klin. Med. Bd. 39. 1886.

Weiß, Über die Weilsche Krankheit. Wiener med. Presse. Bd. 30. 1889.

Derselbe, Zur Kenntnis und zur Geschichte der sogenannten Weilschen Krankheit. Wiener med. Wochenschr. Bd. 40. 1890.

Werther, Morbus Weilii. Deutsche med. Wochenschr. Bd. 15. 1889.

Windscheid, Zwei Fälle von Weilscher Krankheit. Deutsches Arch. f. klin. Med. Bd. 45. 1889.

Zupnik, Widalsche Serumreaktion bei Weilscher Krankheit. Münch. med. Wochenschrift. Nr. 31. 1902.

Additional material from Beiträge zur Lehre von der sog.

"Weilschen Krankheit"

ISBN 978-3-662-34399-9, is available at http://extras.springer.com

Verlag von August Hirschwald in Berlin.

(Durch alle Buchhandlungen zu beziehen.)

Soeben erschien:

LEHRBUCH

DER

MILITÄRHYGIENE.

Unter Mitwirkung der Stabsärzte

Dr. H. Findel, Dr. H. Hetsch, Dr. K. H. Kutscher, Dr. O. Martineck,

herausgegeben von

Prof. Dr. H. Bischoff,   Prof. Dr. W. Hoffmann,
Ober-Stabsarzt,   Stabsarzt,

Prof. Dr. H. Schwiening,
Ober-Stabsarzt.

gr. 8.   In 5 Bänden.   Mit zahlreichen Textabbildungen.

Band III: Hygiene der militärischen Unterkünfte (Kasernen, Lazarette, militärische Bildungsanstalten usw.). Hygiene des Dienstes (Heeresergänzung, Dienstarbeit, Dienst der einzelnen Truppenarten usw.). Mit 2 Tafeln und 169 Textfiguren. 1911. 7 M. Gebunden 8 M.

(Bibliothek v. Coler-v. Schjerning, XXXIII. Band.)

D<small>er</small> jetzt vorliegende **III. Band** besteht aus zwei Abschnitten. Der erste Abschnitt (bearbeitet von Hoffmann) handelt von der **Hygiene der militärischen Unterkünfte;** die verschiedenen Unterkunftsmöglichkeiten von Militärpersonen werden an der Hand zahlreicher Pläne von in neuester Zeit ausgeführten Bauten und neuzeitlichen Einrichtungen geschildert.

So werden die modernen Kasernenneubauten mit ihren besonderen Waschräumen für Mannschaften, ihren zweckmässig angeordneten Truppenküchen, Kantinen, Bade- und Bedürfnisanstalten vom hygienischen Standpunkt eingehend besprochen. Es folgen die militärischen Strafanstalten und hygienische Beurteilungen der gesundheitlichen Verhältnisse, die bei der Einquartierung, dem Biwak und dem Aufenthalt in Zelten, Baracken und besonders auf Truppenübungsplätzen berücksichtigt werden müssen.

Eine besonders ausführliche Darstellung haben die hygienischen Gesichtspunkte bei der Anlage neuzeitlicher Lazarette und Genesungsheime erfahren, wobei zahlreiche Vergleiche mit den modernen Krankenhäusern für die Zivilbevölkerung angestellt werden.

Den Schluss des 1. Abschnitts bilden hygienische Betrachtungen über den Bau und die Einrichtungen der „militärischen Bildungsanstalten" (Kadettenhäuser usw.), wobei die Forderungen der heutigen **Schulhygiene** weitgehend berücksichtigt wurden.

Mit diesem Abschnitt ist die Besprechung der äusseren Lebensbedingungen, unter denen die Heeresangehörigen während der Dienstzeit stehen, abgeschlossen.

Der zweite Abschnitt (bearbeitet von Schwiening) behandelt nun die **Hygiene des Dienstes selbst.**

Da für die Art und Weise, in der der Dienst auf die Soldaten wirkt, ihre Körperbeschaffenheit von Wichtigkeit ist, so wird zunächst die **Heeresergänzung** unter besonderer Berücksichtigung der an die Militärpflichtigen zu stellenden Anforderungen besprochen.

Es folgt eine ausführliche Darstellung der Einflüsse, welche die **Dienstarbeit im allgemeinen** in physiologischer und hygienischer Beziehung auf den Kraft- und Stoffwechsel sowie die übrigen Körperfunktionen ausübt, wobei namentlich die Bedeutung des militärischen Trainings hervorgehoben wird.

Das letzte Kapitel behandelt sodann den **Dienst der verschiedenen Waffengattungen,** so der Fusstruppen, berittenen Truppen, Pioniere, Luftschiffer usw., erörtert einige besondere Dienstzweige, wie **Schwimmen, Radfahren,** gibt eine zusammenhängende Uebersicht über die hygienischen Massnahmen bei **längeren Märschen** und **Eisenbahntransporten** und bespricht zum Schluss einige, den eigentlichen **Unterricht** betreffenden Fragen aus dem Gebiete der **Schulhygiene,** die auch bei den **militärischen Erziehungsanstalten** Beachtung erfordern.

Das Werk ist auf Veranlassung des Herrn Generalstabsarztes Exz. von Schjerning herausgegeben und hat in den bisher erschienenen Bänden grosse Anerkennung und Verbreitung gefunden. Die Bände werden einzeln abgegeben.

Preis des ganzen Werkes ca. **35 M.**

(Durch alle Buchhandlungen des In- und Auslandes zu beziehen.)

Bisher erschienen:

Band I: Wärmeregulierung (Luft, Klima, Bekleidung), Ernährung. Mit 121 Textfiguren. 1910. 7 M. Gebunden 8 M.

Band II: Allgemeine Bauhygiene, Beleuchtung, Heizung, Lüftung, Wasserversorgung, Beseitigung der Abwässer und Abfallstoffe. Mit 198 Textfiguren. 1910. 7 M. Gebunden 8 M.

Verlag von **August Hirschwald** in Berlin.

Veröffentlichungen aus dem Gebiete des Militär-Sanitätswesens.

Herausgegeben von der Medizinal-Abteilung des Königlich Preussischen Kriegsministeriums.

1. Heft. Historische Untersuchungen über das Einheilen und Wandern von Gewehrkugeln. Von Stabsarzt Dr. A. Köhler. gr. 8. 1892. 80 Pf.

2. Heft. Ueber die kriegschirurgische Bedeutung der neuen Geschosse. Von Geh. Ober-Med.-Rat Prof. Dr. von Bardeleben. gr. 8. 1892. 60 Pf.

3. Heft. Ueber Feldflaschen und Kochgeschirre aus Aluminium. Bearb. von Stabsarzt Dr. Plagge und Chemiker G. Lebbin. gr. 8. 1893. 2 M. 40 Pf.

4. Heft. Epidemische Erkrankungen an akutem Exanthem mit typhösem Charakter in der Garnison Cosel. Von Oberstabsarzt Dr. Schulte. gr. 8. 1893. 80 Pf.

5. Heft. Die Methoden der Fleischkonservierung. Von Stabsarzt Dr. Plagge und Dr. Trapp. gr. 8. 1893. 3 M.

6. Heft. Ueber Verbrennung des Mundes, Schlundes, der Speiseröhre und des Magens. Behandlung der Verbrennung und ihrer Folgezustände. Von Stabsarzt Dr. Thiele. gr. 8. 1893. 1 M. 60 Pf.

7. Heft. Das Sanitätswesen auf der Weltausstellung zu Chicago. Bearbeitet von Generalarzt Dr. C. Grossheim. gr. 8. Mit 92 Textfiguren. 1893. 4 M. 80 Pf.

8. Heft. Die Choleraerkrankungen in der Armee 1892 bis 1893 und die gegen die Cholera in der Armee getroffenen Massnahmen. Bearbeitet von Stabsarzt Dr. Schumburg. gr. 8. Mit 2 Textfiguren und 1 Karte. 1894. 2 M.

9. Heft. Untersuchungen über Wasserfilter. Von Oberstabsarzt Dr. Plagge. gr. 8. Mit 37 Textfiguren. 1895. 5 M.

10. Heft. Versuche zur Feststellung der Verwertbarkeit Röntgenscher Strahlen für medizinisch-chirurgische Zwecke. gr. 8. Mit 23 Textfiguren. 1896. 6 M.

11. Heft. Ueber die sogenannten Gehverbände unter besonderer Berücksichtigung ihrer etwaigen Verwendung im Kriege. Von Stabsarzt Dr. Coste. gr. 8. Mit 13 Textfiguren. 1897. 2 M.

12. Heft. Untersuchungen über das Soldatenbrot. Von Oberstabsarzt Dr. Plagge und Chemiker Dr. Lebbin. 1897. 12 M.

13. Heft. Die preussischen und deutschen Kriegschirurgen und Feldärzte des 17. und 18. Jahrhunderts in Zeit- und Lebensbildern. Von Oberstabsarzt Prof. Dr. A. Köhler. Mit Portraits und Textfiguren. 1898. 12 M.

14. Heft. Die Lungentuberkulose in der Armee. Bearbeitet in der Medizinal-Abteilung des Königl. Preuss. Kriegsministeriums. Mit 2 Tafeln. 1899. 4 M.

15. Heft. Beiträge zur Frage der Trinkwasserversorgung. Von Oberstabsarzt Dr. Plagge und Oberstabsarzt Dr. Schumburg. Mit 1 Tafel und Textfiguren. 1900. 3 M.

16. Heft. Ueber die subkutanen Verletzungen der Muskeln. Von Dr. Knaak. 1900. 3 M.

17. Heft. Entstehung, Verhütung und Bekämpfung des Typhus bei den im Felde stehenden Armeen. Bearbeitet in der Medizinal-Abteilung des Königl. Preuss. Kriegsministeriums. Zweite Aufl. Mit 1 Tafel. 1901. 3 M.

18. Heft. Kriegschirurgen und Feldärzte der ersten Hälfte des 19. Jahrhunderts (1795—1848). Von Stabsarzt Dr. Bock und Stabsarzt Dr. Hasenknopf. Mit einer Einleitung von Oberstabsarzt Prof. Dr. Albert Köhler. 1901. 14 M.

19. Heft. Ueber penetrierende Brustwunden und deren Behandlung. Von Stabsarzt Dr. Momburg. 1902. 2 M. 40 Pf.

20. Heft. Beobachtungen und Untersuchungen über die Ruhr (Dysenterie). Die Ruhrepidemie auf dem Truppenübungsplatz Döberitz im Jahre 1901 und die Ruhr im Ostasiatischen Expeditionskorps. Zusammengestellt in der Medizinal-Abteilung des Königl. Preussischen Kriegsministeriums. Mit zahlr. Textfiguren und 8 Taf. 1902. 10 M.

21. Heft. Die Bekämpfung des Typhus. Von Geh. Med.-Rat Prof. Dr. Robert Koch. 1903. 50 Pf.

22. Heft. Ueber Erkennung und Beurteilung von Herzkrankheiten. Vortr. aus der Sitzung des Wissenschaftl. Senats bei der Kaiser Wilhelms-Akademie für das militärärztliche Bildungswesen am 31. März 1903. 1903. 1 M. 20 Pf.

23. Heft. Kleinere Mitteilungen über Schussverletzungen. Aus den Verhandlungen des Wissenschaftlichen Senats der Kaiser Wilhelms-Akademie für das militärärztliche Bildungswesen vom 3. Juni 1903. 1903. 2 M.

Made in the USA
Las Vegas, NV
21 March 2026

44031315R00059